重庆文理学院学术专著出版资助

大震地震动场的实时估计

冯继威　李山有　卢建旗　宋晋东　著

U0352586

北　京

冶　金　工　业　出　版　社

2020

内 容 提 要

本书是关于"地震预警系统"的研究专著,专业性较强,可为相关研究提供一定的基础理论和相关专业知识。全书共4章,内容包括地震预警相关基本知识、地震预警震级的确定、断层破裂主方向和破裂方式的快速确定、地震动场的实时估计等。本书针对地震预警系统中大震地震动场的确定,系统地对相关知识进行了比较全面的论述、分析和研究。为了突出与实际相结合的特点,本书选用大量的地震实例进行验证,并加以分析。本书的研究内容旨在地震发生后能快速估计出地震动场的分布,为地震预警系统快速准确发布地震预警信息提供依据,为预防和减轻地震灾害等服务。

本书主要服务于从事土木工程学科、防灾减灾工程及防护工程专业、安全科学与工程等相关研究领域的学者、工程师、科学技术人员,也可供地震预警等专业研究领域的科学研究人员阅读和参考。

图书在版编目(CIP)数据

大震地震动场的实时估计/冯继威等著. —北京:冶金工业出版社,2020.10

ISBN 978-7-5024-5000-7

Ⅰ.①大… Ⅱ.①冯… Ⅲ.①地震灾害—预警系统—研究 Ⅳ.①P315.75

中国版本图书馆 CIP 数据核字(2020)第 190200 号

出 版 人 苏长永

地 址 北京市东城区嵩祝院北巷 39 号 邮编 100009 电话 (010)64027926

网 址 www.cnmip.com.cn 电子信箱 yjcbs@cnmip.com.cn

责任编辑 于昕蕾 美术编辑 彭子赫 版式设计 禹 蕊

责任校对 王永欣 责任印制 禹 蕊

ISBN 978-7-5024-5000-7

冶金工业出版社出版发行;各地新华书店经销;三河市双峰印刷装订有限公司印刷

2020 年 10 月第 1 版,2020 年 10 月第 1 次印刷

169mm×239mm;10.25 印张;201 千字;158 页

68.00 元

冶金工业出版社 投稿电话 (010)64027932 投稿信箱 tougao@cnmip.com.cn

冶金工业出版社营销中心 电话 (010)64044283 传真 (010)64027893

冶金工业出版社天猫旗舰店 yjgycbs.tmall.com

(本书如有印装质量问题,本社营销中心负责退换)

前　言

随着"地震预警系统"逐渐受到社会、研究学者的重视，新时期的社会需求对该领域提出了新的要求。为了更好地满足社会需求和发展趋势，提高地震预警系统的预警效能，最终达到减轻地震灾害、减少人员伤亡和降低经济损失的目的，必须进一步深化对该领域的基础知识、理论技术和实际应用的研究和推广。

因此，本书针对目前"地震预警系统"中所遇到的技术挑战，如震级估算中小震高估、大震低估问题，断层破裂主方向和尺寸未知或错误估算及大震地震动场实时估计等问题，分别从震级的快速估算、断层破裂主方向和破裂方式（初始破裂点相对位置）的快速确定、地震动场的实时估计3个方面进行讲述。第1章为绪论，第2章为地震预警震级的确定，第3章为断层破裂主方向和破裂方式的快速确定，第4章为地震动场的实时估计。

本书主要服务于从事土木工程学科、防灾减灾工程及防护工程专业、安全科学与工程等相关研究领域的学者、工程师、科学技术人员，也可供地震预警等专业研究领域的科学研究人员阅读和参考。

在本书编著过程中，作者参阅了许多相关著作、论文和研究成果，并采纳了其中的一些成果，在此对编著单位和个人致以衷心的谢意。特别受到中国地震局"地震预警与工程紧急处置"创新团队的帮助，尤其是团队学术带头人李山有二级研究员（享受国务院政府特殊津贴专家、中国地震局强震动观测学科组组长)、卢建旗副研究员、宋晋东副研究员等人的悉心指导与建议，特此表示感谢；国家强震动台网中心和中国地震局工程力学研究所为本研究提供数据支持。

"地震预警系统"技术发展迅速，研究内容广泛，书中谬误之处在所难免，恳请提出宝贵意见和建议。

著　者

2020 年 6 月

目　录

1 绪　论

1.1　概述

我国位于全球两大地震带（欧亚地震带和环太平洋地震带）之间，地震活动频繁、分布广、强度大、震源浅，是地震灾害严重的国家之一，大震巨灾对国家的社会稳定和经济建设具有强大冲击和深远影响。破坏性地震导致工程结构巨大的破坏甚至倒塌，造成严重的人员伤亡和经济损失，同时还可能诱发泥石流、火灾、爆炸、核泄漏、列车脱轨等严重的次生灾害（李山有，2018）。迄今为止，科学上还没有能力对地震的发生进行准确预测，而地震预警（earthquake early warning，EEW）是减轻灾害的一种可接受且比较实用有效的手段，几秒到1min的预警可以为社会带来显著的效益，如根据接收到的地震预警信息，人们有可能从危险的建筑物或危险地点撤离（Wu，2014）；采取自动处置措施，减轻即将到来的地震波对社会的影响：事前控制电梯防止人们被困于电梯内（Kubo et al，2011），膨胀空气轴承提高小型建筑物抗震性能（Fujita et al，2011），暂时切断生命线系统供应；降低运行中的高铁与地铁速度或停车，以防脱轨；关闭医院、工厂和核设施等精密仪器或危险装置。尽管地震预警对于减轻建筑的构造性损失作用不大，但对减少人员伤亡和经济损失可起到很大的作用（郭凯 等，2016）。

Cooper 博士在 1868 年美国旧金山地震后最先提出了地震预警的设想：当地震发生在距旧金山约 100km 的 Hollister 区域内时，由布置在该区域的地震台站监测到地震发生并发出电磁预警信号，由于电磁信号的传播比地震波的传播要快很多，故可在破坏性地震波到达旧金山前敲响警钟，人们可及时紧急逃生或采取避险措施。近几十年来，随着计算机和网络通信技术的快速发展、地震监测台站的不断增多，世界不同的国家或地区尤其是地震多发地区致力于开展地震预警系统的建设（Clinton et al，2016；Parolai et al，2016；宋晋东，2013）。日本自 1988年建设了新干线地震预警系统 UrEDAS（the Urgent Earthquake Detection and Alarm System），2003 年建成了全国性地震预警系统，自 2007 年 10 月 1 日正式向社会公众发布预警信息（Hoshiba，2013；宋晋东 等，2018a）；墨西哥自 1989 年开始建设地震预警系统 SAS（Seismic Alert System），于 1991 年开始测试该系统并从 1993 年起正式面向公众预警，这是世界上首个向社会公众提供预警服务的系统（Espinosa et al，2009；Cuellar et al，2014）；中国台湾在 1994 年建成了为台北市服务的地震预警系统，2010 年建成台湾地区地震预警系统并于 2015 年开始向社会发布预警信息（Wu et al，2007，2016；Chen et al，2015）；美国地质调查局（USGS）于 2006 年开始启动建设加利福尼亚综合地震台网（The California Integrated Seismic Network，CISN）的地震预警系统，2006 年 8 月～2009 年 8 月，CISN 对加州多个地震预警系统进行了测试，并对台站等硬件系统进行了改造，于 2012 年向测试用户提供预警信息，目前正在建设西海岸地区 ShakeAlert 地震预警系统，最终目标是向社会公众提供预警信息（Böse et al，2009，2014；Cua et al，2009；Allen et al，2003，2009）；意大利在 2009 年开始建设名为 PRESTo（Probabilistic and Evolutionary Early Warning System）的预警系统并进行线下测试，于 2016 年建成了服务于南部地区的地震预警系统（Zollo et al，2011，2014）；土耳其自 1999 年开始设计并建设地震预警系统，于 2003 年建成了伊斯坦布尔地震预警系统 IERREWS（Istanbul Earthquake Rapid Response and Early Warning System），2008 年 6 月建成了自组织地震预警信息网 SOSEWIN（Self-organizing Seismic Early Warning Information Network），每个观测台站的传感器和内部处理器在台站所在位置完成地震动参数等信息的确定，通过无线通信设备与周围台站共享这些信息，基于单台或多台的判定结果，多通道地发布 SOSEWIN 预警信息（Alick et al，2009）；罗马尼亚于 1977 年开始构建地震预警系统，2006 年 4 月利用布设于弗朗恰县的两个地震观测台站对该系统进行了演示，目前已处于实际运行中（Marmureanu et al，2011）；瑞士自 2007 年以来利用美国的 ShakeMap 方法建设瑞士地震预警系统，如今已有超过 100 个电台与瑞士地震服务局（Swiss Seismological Service，SED）实时连接，多部门协同，多渠道、多角度、迅速高效地向社会公众发布地震预警信息；韩国自 2014 年开始实施测试基于 ElarmS-2 改进的地震预警系统（Sheen et al，2016）；我国在 21 世纪初尤其是 2008 年汶川 M_S8.0 级地震后，对地震预警相关技术进行了全面研究，开发了具有自主知识产权的地震预警系统软件，并相继在福建省、首都圈、兰州地区和川滇地区建设了地震预警示范系统，自 2018 年 7 月已开始实施国家地震预警系统建设项目“国家地震烈度速报与预警工程”，拟在 5 个重点地区形成地震预警能力；希腊、葡萄牙、智利、以色列、加拿大等国家在 21 世纪也已开展地震预警试验或示范系统建设。

　　一般来说，地震预警系统按预警方式可分为两类：一类是基于台站（station-based）的现地（onsite）预警，另一类是基于台网（network-based）的区域（regional）预警。现地预警主要基于单个台站（或者 2～3 个相邻的台站）提供预警（Nakamura，1988；Kanamori，2005；Böse et al，2009）；而区域预警是基于大型地震台网（通常覆盖了地震高概率发生区域），当许多台站监测到地震后，估计震中位置，然后利用经验关系从最初几秒钟的波形中推断出目标位置的震级和期望的地面运动，提供预警信息（Allen et al，2003；Cua et al，2007，2009；Satriano et al，2011）。与现地预警相比，通常使用一种更复杂的地震检测方法，但预警结果更为可靠，如美国加利福尼亚州、意大利南部、中国台湾、中国福建省等地区，罗马尼亚、吉尔吉斯斯坦、韩国（Sheen et al，2016）和希腊等国家建设中或试验中的地震预警系统。另外一种特殊的区域预警为前端（front detection）预警，以已知的产生强烈地震活动的特定区域为目标区，基于布置于距预警目标区一定距离外的潜在震源区的观测台站，地震发生后，利用近震源台站获取到的地震记录，对目标区进行预警，该方式假定震源位置已知而只推断震级大小（Espinosa et al，1995；Mărmureanu et al，2011；Behr et al，2015；宋晋东 等，2017；李拴虎 等，2017），墨西哥和伊斯坦布尔地震预警系统即采用此方法。在实际中通常不能假定地震活动只发生在特定的区域，因此，目前大多数运行和正在开发的预警系统是基于现地方法（Nakamura et al，2011）或是融合现地和区域方法的混合预警方式（Hoshiba et al，2008；Hsiao et al，2011；Böse et al，2014；Zollo et al，2014；Behr et al，2015；Kanamori，2005；Iervolino et al，2006；Kodera et al，2018），基于密集的地震台网向分散的公众提供地震预警信息。

此外，基于低成本加速度计 MEMS 或安装在手机上的加速度计组成的网络的地震预警系统也进行了初步的研究（Horiuchi et al，2009；Cun et al，2015；Minson et al，2015；Kong et al，2016；Finazzi，2016；Bindi et al，2015，2016）；运用多源观测手段如全球定位系统 GPS 高速数据和实时全球导航卫星系统（GNSS）数据的地震预警技术也得到大力发展（Crowell et al，2013；Melgar et al，2015；Goldberg et al，2016，2017）。

但是地震预警技术存在着一定的局限性，如震中附近地区是地震预警的盲区、地震预警时间很短，减灾效果有限、存在误报漏报的可能。尤其是目前地震预警参数确定中，震级估算的准确性特别是大震级事件的震级低估、大震级事件断层破裂实时确定、地震动场的实时估计等问题尚未完全解决。如目前地震动（烈度）场的估计中一般将震源视为点源，而后依据地震动模型（ground motion model，GMM，之前称为地震动衰减关系或地面运动估计方程 GMPE）、网格插值、场地校正等技术得到目标场点的地震动（烈度）场分布。在小地震（如震级小于 6 级）条件下，这样的假定和技术思路可以得到与实际情况较为符合的估计结果。但是发生较大地震时，断层的破裂长度往往达到几十甚至几百千米，若不考虑断层破裂的方向和长度，仍以点源模型估计地震动场，将会严重低估地震动和地震烈度，导致地震动（烈度）场估计结果与实际情况相差较大，影响地震预警信息的准确发布。如 2011 年 3 月 11 日，日本东北部太平洋海域发生了 $M_W9.0$ 级破坏性大地震，日本气象厅（JMA）地震预警系统在当地时间 14：46：40.2 检测到此次地震，5.4s 后（当地时间 14：46：45.6）发布地震预警第一报：JMA 震级为 4.3 级，JMA 烈度为 4.0，尽管震级估计值超过了向高级用户发布预警信息的标准值 3.5 级，但当时并没有发布预警信息，这是因为地震烈度被低估了（当 JMA 烈度高于"5 度弱"时，向普通民众发布预警信息）；8.6s 后（当地时间 14：46：48.8）发布地震预警第四报：JMA 震级为 7.2 及宫城县（Miyagi-ken）中部地区最大 JMA 烈度为"5 度弱"，此时通过电视、电台广播和手机等向普通民众发布预警信息（JMA，2011）。而关东（Kanto）地区（东京所在地）的民众并没有在第一时间收到预警信息，原因是系统低估了此次地震的震级和烈度，导致低估了破裂长度（实际断层破裂范围很大）（Aoi et al，2011b；Kurahashi，Irikura，2011），进而低估了距离震中相对较远的关东地区的地震动强度。也就是说，此次地震中断层的破裂方向和长度主要影响了地震烈度的估计分布，影响了预警信息的准确发布。

因此，有必要针对目前地震预警系统中遇到的技术挑战，如震级估算中小震高估大震低估问题、断层破裂主方向和尺寸未知或估算错误以及大震地震动场实时估计等问题，进行震级估算和大震震源破裂特征（破裂方向性及破裂长度）的快速确定等方面的研究，以满足地震预警系统的需求，为快速而准确地估计地震动场服务，最终服务于减轻地震灾害、减少人员伤亡和降低经济损失。

1.2　现状和进展

1.2.1　地震预警震级的快速估算

震级的快速估计是地震预警系统中比较重要的功能模块之一，同时也是非常重要的关键技术问题之一。目前，国内外已发展形成了一些比较实用的震级的快速估算方法，大致可归纳为如下四大类。

（1）与周期（频率）参数相关的估算方法，如卓越周期 τ_P^{max} 方法（Nakamura，1988；Allen et al，2003；Kanamori et al，2005；Olson et al，2005；Simons et al，2006；马强，2008；Hildyard et al，2008）、特征周期 τ_C 方法（Kanamori，2005）、对数周期 τ_{log} 方法、功率谱参数 τ_{PS} 方法（Heidari，2017）等。Wu 等（2005，2006，2008）的研究结果表明，τ_P^{max} 方法的稳定性和准确性不仅与仪器的采样频率有关，还与记录的预处理过程密切相关；低通滤波器和时间窗的长度均会对特征周期的计算结果产生较大的影响；从单个台站的地震记录中提取的 τ_P^{max} 参数的离散性比较大，需要计算多个台站的 τ_P^{max} 参数的算术平均值才可得到其与震级之间较稳定的统计关系（张红才 等，2013；宋晋东 等，2012）。Yamada 等（2008）通过综合分析 τ_C 方法后认为，时间窗长度的选取会影响 τ_C 的值；Ziv（2014）分析认为 τ_{log} 与目录震级的相关性在一定程度上要优于参数 τ_C 和 τ_P^{max}，但依然存在问题。也就是说，采用周期参数估算震级时，尤其是估算大地震的震级时，震级估计值往往会偏小。

（2）与幅值参数相关的估算方法，如峰值位移 P_d 方法（Wu et al，2006；Zollo et al，2006；Wu et al，2007；Zollo et al，2008）、幅值参数 P_d^{10km}（Zollo et al，2006）等。Chen（2012）、Zollo 等（2008）对 P_d 方法进行了相关研究，结果表明 P_d 方法估算预警震级与周期参数相比稳定性和可靠性较好，对震级的敏感性较低，即便采用单台 P_d 参数估算震级，结果的离散性也比较小。但在运用 P_d 方法估算大震震级时，选用时间窗长为 2s 时，会出现震级饱和现象；若将时间窗长延长至 4s，震级饱和现象有所修正，饱和震级可提高至 7.0（Zollo et al，2006）。

（3）与强度参数相关估算的方法，如烈度震级 M_I、累积绝对速度值 CAV、括号累积绝对速度值 BCAV（Bracketed Cumulative Absolute Velocity，Yasin et al，2011）、基于时间窗的累积绝对速度（BCAV-W，Fahjan et al，2011）、速度平方积分 IV2、位移平方积分 ID2（Wang et al，2017）等。计算累积绝对速度值 CAV（Alcik et al，2009）需要等待一段时间，将会影响预警信息发布的时效性；速度平方积分 IV2 参数（Festa et al，2008）只能用于估算小于 M5.8 级地震的震级，使用根据断层破裂面积将 IV2 参数进行归一化处理后的标准化 IV2 参数，能够准确估计 $4.0<M<7.0$ 范围内的地震震级，但估算大震震级时依然低估；利用烈度震级 M_I 参数（Yamamoto et al，2008）估算大震震级时收敛较快，即 M_I 能迅速地向某一稳定值收敛，从而有效降低了估算震级所需的时间，烈度震级 M_I 方法具有精度高、稳定性好等特点（Horiuchi，2009）。

（4）其他估算方法，如组合参数 $\lg(P_d^2/IV2)$ 估算方法（Festa et al，2008）、组合参数 $\tau_C \times P_d$ 估算方法（Huang et al，2015）、基于贝叶斯条件概率分布理论的预警震级估算方法（Iervolino et al，2007；Cua et al，2007；Lancieri et al，2009）、应用人工神经元网络的多频带多参数地震预警震级持续确定方法（马强，2008）等。组合参数 $\lg(P_d^2/IV2)$ 的量纲为时间的平方，很接近周期参数 τ_C，大震震级估算时依然会低估；基于贝叶斯条件概率分布理论的预警震级方法的准确性取决于事先假定的先验概率密度函数 PDF 函数的可靠性，因此需要综合历史地震、断层分布、发震断层类型等多个方面因素制定 PDF 函数；采用人工神经元网络（Artificial Neural Network，ANN）方法进行估算震级时，估计结果的准确性和可靠性很大程度上与测试样本的代表性和可信度有关（马强，2008；张红才，2013）。

以上关于快速估算地震预警震级方法的研究及其各方法的优势和局限性也有大量文献给出了详细的叙述（Wu et al，2006；Zollo et al，2007；Simons et al，2006；Shieh，2008；Sokolov et al，2010）。目前，大多数的地震预警系统中的震级估计是基于 P 波开始后的最初几秒钟内的信息，如 P_d 和 τ_C，普遍存在着小震震级高估和大震震级低估的现象，本书的工作是在目前常用方法的基础上，提出一种对预警震级的快速估算有所改善的方法。

1.2.2　断层破裂主方向的确定

传统地震预警中最初基于震源为点源模型的简化条件来估计地震动场，结果显示为各向同性且以震中为圆心的形状，但对于大地震来说，震源往往是由较大断层破裂引起的，这种简化忽略了断层破裂尺寸和方向的影响，会低估最接近断层处的地面运动，与实际情况相差较大。因此，对于中到大地震，快速确定出断层破裂主方向及断层破裂的尺寸之后，再进一步估计地震动场的分布，可大大改善估计结果，并可弥补基于点源模型进行估计的不足。

一个典型例子是 2011 年日本发生的 $M_W9.0$ 级地震，虽然日本气象厅对仙台地区的地面运动估计相当准确，接近破裂成核点，但东京附近关东地区的民众和用户却没有收到警报。尽管关东地震强度很大，但它离震中太远（$R_{epi} > 350$），以至于 JMA EEW 系统的估计严重不足（Hoshiba et al，2011；Sagiya et al，2011）。因为 JMA EEW 是基于点源模型进行地震动估计，如果系统能够识别出断层破裂的方向及尺寸，将显著地提高 JMA EEW 在 Tohoku-Oki 地震期间的性能，减少不必要的损失。

最近几年的研究中，提出了一些应用于不同时间尺度上，旨在估计断层破裂方向、长度、宽度和断层初始破裂点相对位置等的方法。

对于非实时断层破裂方向和断层破裂尺寸的估计，最常用的方法有：

Dreger 等（2000）提出利用宽频带数据（主要是近震源位移记录）自动确定震源破裂过程（如地震矩张量、最佳节点平面及地表的滑动分布），用于解决断层破裂面模糊的问题，根据识别出的断层面的走向反演出断层滑动在平面上的分布，最终估计出近断层区域的地震动峰值速度（PGV）的分布；Miyake 等（2001）根据震源振幅谱与方位角和震源距的关系估计出破裂传播的方向性以及强地震动产生区（整个破裂区域内具有较大且均匀的滑移速度且能够产生 0.2～10Hz 的近震源强地震动的特征区域）的大小与平均角频率的关系，虽然该方法效率高，但由于参数多，且需要余震的格林函数，因此不能用于近实时应用；Zollo 等（2001）提出了一种基于微型地震数据的初始 P 波上升时间和总脉冲宽度测量来确定三维介质的震源参数和衰减结构的方法，该方法主要针对中小地震，并且基于以恒定速度破裂的圆形震源辐射地震波的假设；Lorenzo 等（2010）基于之前的研究成果，依然针对中小地震，提出了一种通过地震记录的第一个 P 波和 S 波脉冲宽度来估算圆形地震破裂的半径、倾角和走向的方法；Frez 等（2010）通过假设一维线源模型，模拟断层在水平向的破裂过程，分析近震源范围内的到达 P 波的脉冲宽度和振幅谱的方向性效应，从而估计出小震级地震的破裂方向；康兰池等（2014）以一定的步长将视为线源的有限断层离散化为若干个子源，以震中为不动点，旋转线源得到所有可能的破裂方向，与此同时，每次移动一个子源得到所有可能的破裂方式，结合破裂方向和方式给出断层所有可能的空间分布，计算各个台站到每种断层空间分布的距离，拟合与地震动峰值参数的关系，残差最小时所对应的参数即认为是震源破裂方式和破裂方向；Boatwright（2007）通过研究地面运动的峰值参数包含的信息（如 PGA 和 PGV），分析利用 Ben-Menahem 于 1961 年提出的方向性函数表示方向性效应对这些参数的影响，探讨了用表示方向性效应的函数估算断裂破裂方向和尺寸的可能性，并基于震级范围为 3.5~4.1 级的 7 次地震的峰值参数反演这些小震的破裂方向，反演结果显著，所推断的破裂方向不仅能明确地识别出三次具有较强方向性的地震的断层面，而且断裂方向还能识别出四次较弱方向性地震中的三次断层面；此后，Seekins 等（2010）基于 Boatwright（2007）研究成果，反演了峰值地面速度和峰值地面加速度，估计了北加州 47 次地震（$3.5 \leqslant M \leqslant 5.4$）的断层破裂方向和速度；Convertito 等（2012）在 Boatwright（2007）的基础上提出了一种估计断层在表面投影的尺寸和断层破裂主方向的方法，该方法基于峰值地面运动参数（PGA 和 PGV）的方向性效应的分析，比较峰值地面运动参数的观测值和估计值两者的残差，通过最大化概率密度函数，最终得到表示断层尺寸和破裂主方向的参数，其中峰值地面运动参数的估计值由地面运动估计方程得到；Convertito 等（2012）应用此方法反演了 2012 年意大利北部发生的 3 次中震的破裂主方向和地表断层投影尺寸，反演结果显示需要进一步确定和验证该方法应用于中到大震的可能性和准确性；王宏伟等（2016）利用 Convertito 等（2012）的方法近实时地确定了 2014 年 11 月 22 日中国康定 $M_S6.3$ 级地震的震源破裂方向和有关参数，结果表明了采用基于地震动峰值参数的方向性函数法可以快速确定出断层破裂主方向。

对于近实时大震断层破裂方向和断层破裂尺寸的估计，主要方法有：

Yamada 等（2014）在利用贝叶斯模型对近源和远源台站进行分类（Yamada et al, 2007）的基础上，结合 Cua（2005）提出的虚拟地震学家（virtual seismologist, VS）方法，提出了利用 Fisher 线性判别函数将台站分类为近源和远源后确定断层破裂方向和尺寸范围；Yamada 等（2008）提出一种基于高频地震动确定破裂方向和破裂长度的方法，根据 Cua（2005）提出的用小地震包络线函数的均方根组合表示大地震高频地震动包络，模拟大断层破裂产生的高频地震动包络，比较高频地震动包络模拟值与实际观测值，使其残差平方和最小时的模型参数的最佳估计即为破裂方向和长度的估计值；Böse 等（2010）从空间非均质滑移的随机模型出发，模拟了一维断裂序列，研究滑动幅值与持续破裂的断层最终尺寸大小之间的关系，提出利用断层上的当前滑动来估计未来的滑动演化和最终的破裂尺寸，并且可以提供沿破裂演化的地震地面运动的概率估计，当断层滑动超过几米时，EEW 系统就会发出警告，因为发生大地震的可能性很高，强烈的地震动预计将发生在断层附近的大片地区；Böse 等（2012）提出了一种利用地震动幅值的远场、近场阈值来估计震中位置、断层长度及破裂方向的实时断层识别方法——有限断层识别方法（the finite fault rupture detector algorithm, FinDer），FinDer 方法是根据估计的图心位置、断层长度和破裂方向，利用图像识别技术实时地自动确定断层破裂表面投影，该方法基于密集的地震台网获得的地面运动高频幅值快速近/远源分类，利用"校正匹对"方法与预先设计的模板进行匹对，然后可根据残差最小给出断层未知参数估计值；Böse 等（2015）针对该方法的不足，给出最新改进，包括错误估计、通用模板和特定断层模板的使用，以及延伸到俯冲型地震的应用，并选用多次地震数据对 FinDer 方法的实时和离线性能进行了演示和评估。自 2015 年 4 月，FinDer 方法一直积极地向加州数百名测试用户自动发送实时 ShakeAlert 报告，从而弥补了 3 个基于点源方法（τ_C-P_d 现地方法、ElarmS 和 VS 方法）的不足，提高了 ShakeAlert 在大地震中的性能。目前，FinDer 已经安装于 3 个 CISN 数据中心（Caltech/USGS-Pasadena、University of California-Berkeley 和 USGS-Menlo Park），持续不断地扫描来自加州 420 个强震观测站的实时波形数据流，寻找 PGA 阈值，为提高现有 FinDer 方法的鲁棒性，已开发具有重要新特性的第二代 FinDer 2 方法。

随着科学研究的进步、地震观测技术的提高，实时大地测量数据（全球定位系统 GPS 数据、实时全球导航卫星系统 GNSS 数据）的运用，研究学者们又发展了许多基于 GNSS 数据确定有限断层尺寸的方法（Crowell et al, 2009；Allen et al, 2011；Colombelli et al, 2013；Grapenthin et al, 2014；Minsonet et al, 2014；Kawamoto et al, 2015, 2017）。

综上可见，对于断层破裂方向和尺寸的确定已开展了较多研究，但大部分都是非实时估算断层破裂方向和破裂方式，尽管基于 GNSS 数据确定断层方向和尺寸的方法得到发展，但目前地震预警系统基本基于地震台站实时获得的地震记录。本书将基于震级估计值、震源或震中位置和地震动峰值参数（PGA 和 PGV），以 Convertito 等（2012）提出的方法为基础，研究快速确定断层破裂主方向和破裂方式（初始破裂点相对位置）的方法。

1.2.3　地震动场的实时估计

地震动场的实时估计是地震预警系统中又一个重要环节，需要在地震过程中预测出地震动（烈度）场的分布，据此自动判断出可能遭受到地震破坏的区域，尤其是判断出烈度较大区域，这将对减少人员伤亡及经济损失起到重大作用。因为某地区遭遇到的地震烈度越大，建（构）筑物的破坏程度和次生灾害发生的概率也会越高，造成的人员伤亡和经济损失也将越大。在强地震动到达目标区域之前，如果地震预警系统能实时地对地震动烈度（或地震动峰值）分布图进行生成和更新，从而采取必要的安全措施，可以为抗震救灾争取到宝贵时间。

目前地震动场的实时估计从技术手段上来说，主要有以下两类方法。

（1）基于地震的基本参数（震级、震中位置、震源深度和地震时刻）实时估计地震动场的方法。在地震预警系统区域方法中，地震观测网络在地震发生后根据震源附近几个地震台站获取到的 P 波到时等信息，快速确定出地震的基本参数（震级、震中位置、震源深度和地震发生的时间），然后基于已有的地震动衰减关系，预测出不同场地条件下的地震动，最终给出地震动场分布图。如日本地震预警系统即依赖于快速测定出的地震震中位置及震级等地震的基本参数（Hoshiba et al，2008），利用震级 M 与断层长度 L（km）之间的经验关系 $\lg L = 0.5M - 1.85$（Utsu，2001），估计出断层破裂的长度 L（km）的值，之后用震中距替换 $L/2$，估计出破裂的最短距离，用于地面运动模型中，最终预测出地震动强度分布；美国加利福尼亚州、中国台湾、中国福建省、意大利南部等地区，罗马尼亚、以色列、吉尔吉斯斯坦、希腊和韩国等国家的地震预警系统同样采用此方式进行地震动场的估计。

地震预警系统的现地方法主要是基于 P 波段地震动信息预测震级（Allen et al，2003；Nakamura et al，2004；Wu et al，2007；张红才，2013）或利用 P 波幅值参数（如位移幅值 P_d）与地震动峰值（如峰值加速度、峰值速度和峰值位移）之间的经验关系实时估计出地震记录台站处地震动强度（张红才，2013；Wu et al，2003，2007）。如 Parolai 等（2017）基于日本 K-NET 和 Kik-net 地震网络获取的大量的地震记录，得到竖直向记录 P 波最初几秒（最大 3s）内的峰值位移 P_d，利用其与水平向峰值地面速度的经验关系预测地震动强度，根据阈值验证 GFZ-Sentry 软件在分散的现地地震预警中的应用。GFZ-Sentry 软件作为位于德国波茨坦的德国地球科学研究中心（German Research Centre for Geosciences，GFZ）与当地协作者共同运转的实时强震网络的一部分，该软件在设计时采纳了 Parolai 等（2015）提出的关于应该使用什么类型的数据处理软件才能有效地进行分散的现场预警（DOSEW）系统任务的建议（如使用低通滤波信号进行事件检测和基于矩阵的实时地面运动预测报警器的设计等）。

在地震预警系统中的前端方法中，针对已知会产生强烈地震活动的特定区域进行快速预警，只初步判定震级大小，进而预测地面运动分布。该方法无法以数字化预测目标城市的地面震动强度，通常都是定性地将预警信息划分为几种有限的类型进行发布（Hoshiba，2013）。

（2）与地震的基本参数无关的实时估计地震动场的方法。Hoshiba 等（2011，2013）分析了 JMA 地震预警系统在 2011 年 3 月 11 日 $M_W9.0$ 级大地震中的性能，指出 JMA 地震预警系统在此次地震中暴露了两个重要的技术问题：一是由于低估了震级，导致低估了断层破裂长度（实际断层破裂程度较大），低估了远距离地区的地震动；二是主震之后的一段时间内余震相当活跃，当多次余震同时发生在这片震源区时，EEW 系统误把多次同时发生的小震认为是一次大地震，高估了地震动。也就是说基于快速估计震源和震级的区域方法存在以下缺点：在确定震中位置和震级误差较大时，会直接导致错误预测地面运动；若没有震中和震级信息，系统不能继续预测地面运动（Hoshiba，2013）。为了解决大地震低估和多个地震同时发生的问题，Crowell 等（2013）和 Melgar 等（2015）提出了利用加速度仪和高频 GNSS 仪器联合获得地面位移峰值进行震级估计的方法，以尽量减小因震级估计不准而引起地震动场估计的误差。为解决多个并发地震过度预测问题，Liu 等（2014）、Tamaribuchi 等（2014）和 Wu 等（2015）提出了将贝叶斯估计框架应用于地震事件的确定与触发数据相关联的过程，进而识别震源的方法。但这些方法依然专注于快速估计震中、震级和震源尺寸。

　　Hoshiba（2013，2015）在近几年的研究中提出"在 EEW 中，快速估计震源参数是唯一可能方法吗？"及"精确估计震源参数是提高 EEW 的精度唯一可能的途径吗？"等问题。由此，Hoshiba（2013）提出了一种基于惠更斯原理和基尔霍夫-菲涅耳边界积分方程实时预测地震动的方法，即根据密集的观测地震台网记录到的地震数据，在无需估计地震的基本参数的情况下，从位于入射地震波方向上的最初台站观测到的地震动实时预测未来的强地面运动。该方法是传统的异地预警方法的扩展，能够考虑破裂传播的方向性、震源尺度和多个地震事件同时发生的情况，但该方法需要分布密集的观测台网能够检测出相位延迟信息，并且必须对目标点和观测台站处的场地放大因子作出评价，同时需要预先假定地震波的传播方向。Hoshiba 等（2015）又提出了另一种不需要估计震中和震级的数值地震动场预测方法，该方法基于波动方程或辐射传播理论与数据同化技术相结合的方法，直接通过观测到的地震动波场实时预测未来的地面运动分布情况。该方法中，预测地震动未来分布情况是基于波传播的物理过程，用辐射传输理论替代基尔霍夫-菲涅耳积分方程来模拟地震波传播，是基于精确估计现状的物理过程的时间演化的模拟，该方法与震中和震级等地震的基本参数无关，无需假定地震波的传播方向，并且无需触发数据和检测 P 波到时便可预测强地面运动影响场分布。但该方法依然依赖于密集的观测台网，在没有实际地震观测记录的情况下，也很难精确地预测出地震动场的分布，比如对孤岛、半岛或海角等较少观测台站的目标区，更难精确地预测出地震动场的分布。

　　Kodera 等（2018）针对点源模型面临的技术难题，提出了另一种不利用地震的基本参数的简单的地震动场预测方法——局部无阻尼传播（propagation of local undamped motion，PLUM）方法。该方法是根据布设于目标点周围的地震观测台站观测到的地震烈度来预测目标点的地震烈度。在观测点连续实时接收到的地震烈度的条件下，可以实时连续地估算地震动场的分布。与 Hoshiba（2013，2015）及以往的传统方法相比，PLUM 方法具有方法简单、计算成本低、效率快、易于在实际操作系统中实现等优点。

　　上述几种关于地震动场的预测方法，在大量文献中均给出了详细的叙述。本书以研究地震动场的实时估计为重点内容之一，分别针对基于地震的基本参数的传统预测方法和不依赖于地震的基本参数的预测方法，提出更为合理的方法，以提高地震动场预测的精度。

2 地震预警震级的确定

2.1 引言

快速估算预警震级是地震预警系统中的核心技术环节之一，往往需要在震源仍在持续破裂的过程中，估算出地震的震级。预警震级的估算实际上是一个十分重要的基本物理问题，能否基于初始破裂时的极其有限的信息估算完整地震的震级，一系列相关研究从侧面证明了由初始破裂信息估计整个地震的震级具有一定的可行性，采用一些特殊的稳定的方法可以获得满足精度要求的震级估算结果（张红才，2013）。

众多学者对地震早期破裂产生的 P 波特征的观测研究表明，早期地震到达时的一些信息可能与地震的最终震级有关（Olson et al, 2005；Lockman et al, 2005, 2007；Wurman et al, 2007；Lewis et al, 2008；Wurman et al, 2010），在破裂停止之前至少部分信息可能已经确定了最终的地震震级（Olson et al, 2005；Wu et al, 2006；Zollo et al, 2006；宋晋东 等, 2018b）。一般从理论上考虑以下三种情况：一是如果破裂发生在摩擦性质均匀的光滑断层面上，则所有脆性不稳定的成核大小都是相同的，因此不需要成核过程和最终地震震级之间的比例关系（Dieterich, 1992；Ben-Zion et al, 1997；Lapusta et al, 2003）；二是如果破裂发生在摩擦性质非均匀的光滑断层面上，将会产生一系列的不同大小的成核现象，在这种情况下，不断扩大的破裂只要不遇到强相关性的非均匀性介质（Hillers et al, 2006, 2007），更大的成核阶段就可能会产生更大的地震；三是如果断裂发生在具有强几何异源性的高度无序断层区，则破裂过程由级联子地震事件组成，地震的最终震级受断层上巨大变化的应力的强烈影响，最终的震级大小不会受到成核过程的影响，但可能仍然会随着震源区早期子地震事件的强度的增大而变大。

不管地震成核的物理机制是什么，以及地震早期破裂产生的信息与最终震级是否具有确定性关系，目前世界范围内的预警系统中震级的快速估算依然以 P 波携带地震信息、S 波携带地震能量和震源发生破裂的初始阶段信息为基础，主要基于与周期或频率、幅值以及能量等参数相关的震级统计关系。

2.2 强震动记录及数据处理

2.2.1 强震动记录数据

2.2.1.1 中国大陆

在 2008 年 3 月我国强震动观测网络（The National Strong Motion Observation Network System，NSMOBNS）正式投入运行后的两个月，即 5 月 12 日 14 时 28 分，在我国四川汶川（N31.0°，E103.4°）发生了 $M_S8.0$（$M_W7.9$）级特大地震，震源深度约 14km，此次地震造成了大量的工程结构破坏及巨大的经济损失和人员伤亡（伤亡人数达 461788 人，其中 69225 人遇难，17923 人失踪，统计数字截止时间为 2008 年 8 月 15 日）。该系统共有 420 个台站获得了大量的强震动记录，其中布置于四川省内的有 131 个台站及其他省市的 289 个台站共记录到了 1253 条加速度记录。此次获得的加速度记录均为数字强震记录，且此次地震是近年来发生的震级较大、影响范围颇广的特大地震，在这些优质的记录中，包含着很多丰富的近场和远场记录。汶川强震动记录，无论是从质量上还是数量上，无疑丰富了我国强震动观测数据库。

五年之后，即 2013 年 4 月 20 日 8 时 2 分，我国四川芦山县（N30.3°，E103.0°）又发生了 $M_S7.0$（$M_W6.7$）级的强烈地震，震源深度为 10.2km。芦山地震是继 2008 年汶川地震、2010 年玉树地震（$M_S7.1$）之后的又一次较强的破坏性浅源地震，造成伤亡总人数达 11687 人，其中 21 人失踪，196 人死亡（统计数字截止时间为 2013 年 4 月 26 日）。强震动观测网络共获得了三分向地震加速度记录 114 组，主要分布于四川、云南、甘肃、陕西四省，其中成都地区局域网获得了 63 组高质量的近场强震动记录。

2014 年 11 月 22 日 16 时 55 分我国四川甘孜藏族自治州康定县塔公乡江甲巴村（N30.26°，E101.69°）发生了 $M_S6.3$ 级地震，震源深度为 18km，中国地震动台网中心获得了三分向加速度记录 54 组；三天后，即 2014 年 11 月 25 日 23 时 19 分，距康定 6.3 级地震震中东南侧约 10km 处（N30.18°，E101.73°）再次发生 $M_S5.8$ 级地震，震源深度约为 16km，中国地震动台网中心获得了三分向加速度记录 33 组。在此期间或之后，中国还发生了几次较强地震，如 2010 年 4 月 14 日青海玉树发生了 $M_S7.1$ 级地震、2014 年 8 月 3 日云南鲁甸发生了 $M_S6.5$ 级地震、2017 年 8 月 8 日四川九寨沟发生 $M_S7.0$ 级地震，等等。

在这些地震中，中国地震动台网中心获得了大量的高质量的清晰的数字强震动记录，丰富了我国强震动记录数据库，填补了一些震级空档的数据，为进行地震动特性分析、强地面运动模型、地震影响场等相关科学的研究提供了丰富的基础性资料。

2.2.1.2　其他国家或地区

A　日本强震动数据

日本防灾科学技术研究所（NIED）在日本全国约 1800 个地点布置了各种地震仪，能够准确观测从微小地震到大地震的各种地震活动，并且将收集的数据通过互联网广泛公布于众，用于弄清地震活动的机理和进行减轻地震灾害的研究。本书选取了日本 K-NET 强震观测台网（http：//www.kyoshin.bosai.go.jp/）中记录到的 267 次地震，震级为 2.0~9.0 级，共计 11886 条未丢头地震记录（图 2-1）。

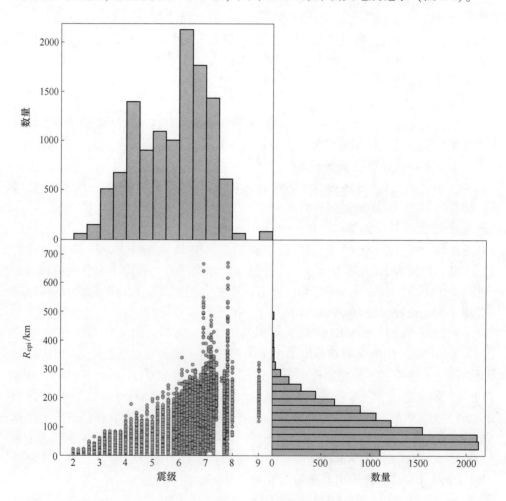

图 2-1　本章节所用地震记录情况

B　NGA 强震动数据

NGA（美国下一代衰减关系，Next Generation Attenuation，NGA）数据库主

要来源于美国加州地质调查局强震动观测项目（CGS-CSMIP）和美国联邦地质调查局的可靠观测资料，并包含了一些其他国家和地区的强震动记录。该强震动数据库更新到 2004 年末，共收录了震级在 4.2~7.9 级的 175 次地震，这些地震主要来自大约 1600 个台站，震中距多在 0~200km 之间，共有地震动加速度记录 3551 条。由于时间和经济原因未收集两次地震，其一是 1991 年美国加州 Joshua Tree 地震，地震识别码为 0146；其二是 2000 年美国加州 Loma Linda 地震，地震识别码为 0158。

C 意大利强震动数据

意大利所在的亚平宁半岛位于欧亚大陆板块和非洲板块交界处，地质构造活跃，且该区域更是地震多发区，在历史及近代已发生多次中强地震，如 1915 年 1 月 13 日 $M6.7$ 级地震；1997 年 9 月~11 月两个月期间发生 8 次震级大于 $M5.0$ 级地震，最大震级达 $M_W6.0$；2009 年 4 月拉奎拉（L'Aquila）发生震级 $M_W6.3$ 级地震及多次余震，其中 5 级以上 5 次。

2016 年 8 月 24 日 1：36：32.870（UTC），意大利中部拉齐奥大区（Lazio）阿库莫利市（Accumoli）地区发生 $M_W6.2$ 级地震，震源深度约 4.4km。震中（北纬 42.71°，东经 13.22°）距诺尔恰市（Norcia）西南约 6km，距离首都罗马（Roma）约 113km。这是继 2009 年 4 月拉奎拉（L'Aquila）$M_W6.3$ 级地震之后的又一次浅源破坏性地震。此次地震造成大量人员伤亡和建筑破坏，截至 2016 年 8 月 27 日已造成 284 人遇难，另有数百人受伤及失踪，罗马震感强烈，部分建筑在地震时晃动持续大约 20s。自此次地震后，据 USGS 报道，截止到 2016 年 10 月 30 日 19 时（UTC），该地区又发生 57 次 $M4.0$ 级以上地震，包括 8 月 24 日地震后 1h（2：33：29（UTC））发生的 $M5.6$ 级余震，及 10 月 26 日 17：10 发生的 $M5.5$ 级余震及 19：18 发生的 $M6.1$ 级余震，这些余震的震源深度范围为 2.5~11.7km。另一次是 10 月 30 日 6：40：18（UTC）发生的 $M_W6.6$ 级地震（震中位于 42.862°N，13.096°E），震源深度为 8.0km，此次地震是自 1980 年伊尔皮尼亚（Irpinia）$M_W6.9$ 级地震以来，发生在意大利中南部震级最大的地震，这些地震均可认为是 2016 年 8 月 24 日的余震序列。

本书从工程强震动数据库（Engineering Strong Motion database，ESM，http：//esm.mi.ingv.it）中下载得到这两次强震动记录，经过筛选，2016 年 8 月 24 日 $M_W6.2$ 级地震中，共计 232 个台站记录到了三分向加速度记录，选用 230 个台站三分向加速度记录为本书所选此次强震动记录；2016 年 10 月 30 日 $M_W6.6$ 级地震中，共计 217 个台站获得了三分向加速度。这些强震动记录由意大利强震动数据库（The Italian Strong Motion Database，ITACA，http：//itaca.mi.ingv.it/ItacaNet）中的 INGV 系统获得。

D 新西兰强震动数据

2016 年 11 月 13 日 11：2：56（UTC）新西兰南岛凯库拉（Kaikoura）地区发

生 M_W7.8 级地震，这是继 2016 年 9 月 2 日新西兰北岛东北部海域发生 M_W7.1 级地震之后，新西兰 2016 年发生的第二次 7 级以上的大震。此次地震震源深度约为 15km，震中位于南纬 42.69°，东经 173.02°，距卡尔弗登城（Culverden）东北向约 15km，凯库拉镇西南向约 60km，新西兰第三大城市克莱斯特彻奇（Christchurch）北东向约 115km，距新西兰首都惠灵顿（Wellington）约 200km。此次地震为逆冲型地震（左旋-逆断层，逆冲为主），主发震断层破裂从震中向新西兰南岛东北角方向延伸，破裂范围长约 120km，宽约 50km；在破裂的过程中，主能量释放推迟延后了大约 40s，导致相距 200km 外的新西兰北岛南端地震烈度高达Ⅷ度；同时在东海岸凯库拉地区造成浪高达 1.5m 的海啸，随之产生滑坡、泥石流等次生灾害。主震发生后的 2h 内，共有 9 次震级为 4.9～6.2 级的余震，这些余震主要发生在从主震震中地区向东北方向延伸约 150km 处澳大利亚俯冲带边缘处地区。此次地震造成 20 多人受伤，2 人死亡，10 余栋房屋严重受损。

在此次地震中，新西兰 GeoNet 地震台网及强震网获得了较为完整的、高质量的强震动观测数据，尤其是近场地震记录丰富，且幅值较大。

2.2.2　数据处理

数据处理包括以下步骤：

（1）基线校正。低频噪声会使加速度时程出现基线漂移。基线漂移对加速度积分后的速度时程和位移时程的影响偏大，而对加速度本身影响较小（一般不超过峰值加速度值的 2%）。理论上，加速度记录中的震前部分的数据值应当为零，但实际上由于背景噪声的存在，加速度记录中震前部分并不一定为零。因此，在使用加速度记录进行计算前，一般需要对波形数据进行基线校正。基线校正是指对地震记录的零线校正，本书对加速度时程、速度时程进行了基线校正，即从实时获取的加速度记录、速度记录中减去整条记录的平均值。

（2）滤波。为提取最有效的地震动信息，用 0.1～20Hz 的 butter-worth 带通滤波器对加速度记录进行处理，保留所关注的特定频率范围内的信号，而阻断特定频率范围以外的信号。

（3）P 波捡拾。采用长短时平均法（STA/LTA）与 AIC 准则相结合的方法，对竖向加速度记录自动识别 P 波到时，为确保 P 波到时的准确性，与人工 P 波到时捡拾结果进行比较，结果相差较大时，以人工捡拾为准。

（4）S 波捡拾。S 波到时主要以理论到时为主，假定 S 波速度 $v_S = 4\text{km/s}$；P 波速度 $v_P = \sqrt{3}\,v_S$；根据 P 波到时 P_t 及震源距台站的距离（震源距 D_{hypo}）判断 S 波到时 S_t：

$$S_t = P_t + k\sigma \tag{2-1}$$

式中, $\sigma = \dfrac{D_{hypo}}{v_S} - \dfrac{D_{hypo}}{v_P}$, 表示 P 波与 S 波到时差; k 为修正系数, 取 $k = 70\%$, 目的是为了使 S 波到时尽可能提前, 尽可能避免 P 波段不包括 S 波段峰值。

（5）实时仿真计算速度与位移时程。采用马强等（2003, 2008）提出的加速度仿真速度、加速度仿真位移的计算方法, 分别得到速度和位移时程。

根据 P 波捡拾结果及理论计算 S 波到时, 按照理论 P 波到时先后顺序对地震记录进行排序, 假定地震发生后台站按理论 P 波到时先后触发, 则得到如图 2-2 所示 2008 年 5 月 12 日中国汶川 $M_W7.9$ 级地震 P 波和 S 波到时随震源距变化图。图 2-3 所示为 P 波和 S 波走时曲线, 其中以华南地区地壳模型为例, P 波波速 $v_P = 6.01km/s$, S 波波速 $v_S = 3.55km/s$, 震源深度为 14km, 当震中距为 40km 时, P 波和 S 波相差约 5s。

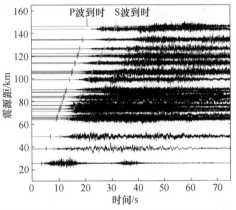

图 2-2　2008 年 5 月 12 日中国汶川 $M_W7.9$ 级
地震 P 波和 S 波到时随震源距的变化

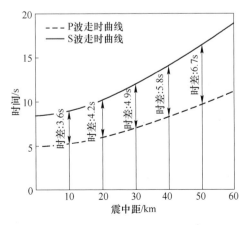

图 2-3　理论 P 波和理论 S 波走时曲线（震源深度为 14km）

2.2.3　实时仿真计算速度与位移时程

地震数据多为加速度记录，但在后期计算分析过程中需用到速度和位移记录，因此采用以下两种方式得到速度和位移时程。

（1）采用加速度仿真速度、加速度仿真位移（马强，2005）。为实现地震参数的实时监测与计算，需要将加速度记录实时地仿真得到速度记录。金星等（2003）曾全面对时域方法及频域方法的特点进行分析比较，虽然频域方法对系统的传递函数模拟精确，但时域的方法利用递归滤波的优势，可实现实时积分计算，更能满足地震预警的需要。金星等（2004）根据地震仪原理提出利用数字化加速度记录实时积分计算速度的记录的方法，定义 T_0 为单自由度系统的自振周期，ω_0 为自振圆频率，δ 为阻尼比，Δt 代表离散时间间隔，$a(t)$ 代表地面加速度时程，$x(t)$ 代表相对位移，$\dot{x}(t)$ 代表相对速度，$\ddot{x}(t)$ 代表相对加速度。则可建立动力平衡方程如下：

$$\ddot{x}(t) + 2\zeta\omega_0\dot{x}(t) + \omega_0^2 x(t) = -a(t) \tag{2-2}$$

对式（2-2）进行间距为 Δt 的离散化过程，则输入点的相对速度的递归式为：

$$\dot{x}_j = b_1\dot{x}_{j-1} + b_2\dot{x}_{j-2} - s_0\,(\Delta t)^2[\delta\dot{a}_j + (1-2\delta)\dot{a}_{j-1} + \delta\dot{a}_{j-2}] \tag{2-3}$$

分别对式（2-3）中 $\dot{a}_j$、$\dot{a}_{j-1}$、$\dot{a}_{j-2}$ 进行中心差分，可得：

$$\dot{x}_j = b_1\dot{x}_{j-1} + b_2\dot{x}_{j-2} - s_0\Delta t[\delta\dot{a}_{j+(1/2)} + (1-3\delta)\dot{a}_{j-(1/2)} -$$
$$(1-3\delta)\dot{a}_{j-(3/2)} - \delta\dot{a}_{j-(5/2)}] \tag{2-4}$$

可以看出，输入点和输出点时间并不同步，相差 $\Delta t/2$。令 $k = j + (1/2)$，则由式（2-4）可得输出点相对速度为：

$$\dot{x}_{k-(1/2)} = b_1\dot{x}_{k-(3/2)} + b_2\dot{x}_{k-(5/2)} - s_0\Delta t[\delta\dot{a}_{k+(1/2)} +$$
$$(1-3\delta)\dot{a}_{k-1} - (1-3\delta)\dot{a}_{k-2} - \delta\dot{a}_{k-3}] \tag{2-5}$$

其中：

$$\begin{cases} b_1 = 2\mathrm{e}^{-\zeta\omega_0\Delta t}\cos(\omega_{\mathrm{d}}\Delta t) \\ b_2 = -\mathrm{e}^{-2\zeta\omega_0\Delta t} \\ s_0 = (1 - b_1 - b_2)/(\omega_0\Delta t)^2 \\ \omega_{\mathrm{d}} = \omega_0(1 - \zeta^2)^{1/2} \end{cases} \tag{2-6}$$

（2）采用梯形积分方法对加速度积分，积分一次得到速度记录，积分两次得到位移记录。梯形积分的公式为：

$$\int_a^b f(x)\,\mathrm{d}x \approx \sum_{k=1}^{n} (x_k - x_{k-1})\frac{f(x_{k-1}) + f(x_k)}{2} \tag{2-7}$$

2.3　预警震级

预警震级的估算是地震预警系统中非常重要的关键技术问题，是在震源仍在持续破裂的过程中确定地震的大小。预警震级计算实际上包含了一个十分重要的基本物理问题，即能否由初始破裂的、极其有限信息估计整个地震的规模，近几年来发表的一系列相关论文已经从一个侧面证明由初始破裂信息估计整个地震的规模是可能的，采用一些特殊、稳定的算法是能够获得足够精度的震级估计结果的。预警震级的快速确定主要建立在对一些参数，如周期（频率）参数、幅值参数和能量参数、参数观测值与最终震级的统计关系上。

目前世界范围内的预警系统中使用的地震预警震级的估算方法有多种，所基于的参数也不尽相同。但这些地震预警震级估计的方法都是基于地震波 P 波段携带的地震信息、S 波段携带的地震能量和震源发生破裂的初始阶段信息以预估最终的地震震级。

因此，日本学者 Nakamura 于 1988 年建议使用 P 波段初始几秒携带的地震信息预估地震事件的大小。Nakamura 主要综合考虑了 P 波段的频率信息，之后 Shieh 在 2008 年研究中使用特征周期和卓越周期参数估计地震预警震级。另外，Wu 和 Zhao、Zollo 等人使用一种不同于周期或频率的参数估计最终地震大小，该参数为 P 波段震相初至和 S 波段震相初至一定时间窗内的峰值位移幅值参数。研究表明，由加速度记录两次积分或速度记录一次积分得到的位移记录，然后求得的峰值位移幅值参数是最为稳健的幅值参数。Festa、Bose 等使用了其他与能量有关的参数：绝对速度积分。

大量地震预警震级的研究表明，世界上大多数的地震预警系统，都是基于 P 波段最初几秒的峰值位移参数和周期参数来进行预警震级的估算的。

2.4　P 波段参数与地震震级的关系

2.4.1　周期参数估算预警震级

2.4.1.1　卓越周期 $\tau_\mathrm{P}^\mathrm{max}$ 方法

日本学者 Nakamura 于 1988 年基于充分利用地震发生后产生的低频成分，提取出地震记录 P 波段的特征，求得地震的最终震级这一思想，提出了一种利用实时的速度记录，根据速度时程的平方与加速度时程的平方之比的开方，简化计算得到地震动卓越周期 τ_P 的算法；美国学者 Allen 和 Kanamori 在 2003 年的研究中深化了此种方法；之后 Kanamori 等在 2005 年对该方法进一步扩展和修正；Olson 和 Allen（2005）认为 P 波初至后 3~4s 内的卓越周期的最大值（$\tau_\mathrm{P}^\mathrm{max}$）和最终震级之间存在着一定的线性关系，通过选用日本地区、中国台湾地区、美国加利福尼亚州南部地区和阿拉斯加地区的地震动记录，将震级线性拟合关系拓展应用到更广的 $M_W 3.0 \sim 8.0$ 的震级；Wu 等（2005，2006，2008）及马强（2008）等其他研究学者对该方法进行了更进一步的相关研究，并取得了可观的研究成果。

卓越周期 τ_P 计算式如下：τ_P^{max} 方法是：

$$\tau_i^P = 2\pi \sqrt{\frac{X_i}{Y_i}} \tag{2-8}$$

$$X_i = \alpha X_{i-1} + x_i^2 \tag{2-9}$$

$$Y_i = \alpha Y_{i-1} + (dx/dt)_i^2 \tag{2-10}$$

$$\tau_P^{max} = \max(\tau_i^P) \tag{2-11}$$

式中　i——时间序列；

x_i——地面运动速度时程记录；

α——平滑参数，当地震时程记录的采样率为 100Hz 时，令 $\alpha = 0.999$（Allen and Kanamori，2003）；

X_i——平滑后的地面运动速度时程记录的平方值；

Y_i——平滑后的地面运动加速度时程记录（速度时程记录的导数）的平方值；

τ_i^P——第 i 秒时计算得到的卓越周期；

τ_P^{max}——地震台站触发后若干秒内（一般为 $3 \sim 4s$）计算得到的 τ_i^P 的最大值。

Hildyard 等（2008）对式中的 X_i 和 Y_i 进行了改进：

$$X(t_i) = \int_0^i \alpha_i^2 x^2(t) dt \tag{2-12}$$

$$Y(t_i) = \int_0^{t_i} \alpha_i^2 \dot{x}^2 dt \tag{2-13}$$

当地震动时程记录为离散点时，可写为：

$$X_i = \sum_{j=0}^i \alpha^{i-j} x_j^2 \tag{2-14}$$

$$Y_i = \sum_{j=0}^i \alpha^{i-j} (dx/dt)_j^2 \tag{2-15}$$

其中：$\alpha_i(t) = e^{0.5f_s \ln(\alpha)(t_i - t)}$：阻尼方程，$f_s$ 为采样率。

因此：

$$\tau_i^P = \frac{2\pi}{\sqrt{r_i}} \tag{2-16}$$

$$r_i = \frac{Y(t_i)}{X(t_i)} \tag{2-17}$$

Wu 等的研究结果表明，τ_P^{max} 方法的稳定性和准确性不仅与仪器的采样率有关，还与记录的预处理过程密切相关；低通滤波器和时间窗的长度都会影响特征周期的计算结果，且影响很大。因此，Allen 等建议：当震级小于 5.0 级时，选用高频截止频率为 10Hz 的低通滤波器；当震级大于 5.0 级时，选用高频截止频率为 3Hz 的低通滤波器。由于该方法需要对地震记录进行加权平滑处理，因而得到的特征周期在 P 波初至处会有短暂的波动，在不同的地区，这个波动的持续时间不尽相同。Lockman 等采用西北太平洋地区地震数据统计分析时，波动大约持续 0.5s，而采用日本 Hi-Net 地震数据进行统计分析时，波动大约持续 2s。因而，在采用 τ_P^{max} 方法进行计算时，所选用时间窗的长度要考虑到不同地区的差异性特点。

2.4.1.2　特征周期 τ_C 方法

Wu 和 Kanamori（2005）在地震动卓越周期 τ_P 的基础上，提出了一种改进后的特征周期（characteristic period）的计算方法，一般称为 τ_C 方法，该方法同样基于 P 波段初至若干秒所携带的频率成分。

特征周期 τ_C 的计算式如下：

$$\tau_C = \frac{2\pi}{\sqrt{r}} \tag{2-18}$$

$$r = \frac{\int_0^{\tau_0} \dot{u}^2(t)\,dt}{\int_0^{\tau_0} u^2(t)\,dt} \tag{2-19}$$

式中　$u(t)$——地震动垂直分量记录位移时程；

　　　　r——地震动垂直分量记录速度的平方积分与位移的平方积分之比；

　　$[0, \tau_0]$——积分区间，表示从台站触发后开始计，至积分上限（时间窗长度）。

τ_0 的选择一般根据一定的经验确定。因为，若 τ_0 取值较大，也就意味着可用于预警信息发布的时间就会相对减少；如果 τ_0 取值过短，则不能较为准确地估计出地震的震级，Kanamori（2005）等人研究中综合考虑多种因素，建议 τ_0 一般取 3s。

该方法与卓越周期 τ_P^{max} 方法相比，不需要进行预计算和平滑处理，相对简化了计算步骤。运用傅里叶分析中的巴什瓦（Parseval）定律（一个信号在时域中计算出的能力等于在频域中计算出的能量，也就是说信号经傅里叶变换后信号的总能量保持不变，符合能量守恒定律），进一步分析上式可得：

$$r = \frac{4\pi^2 \int_0^\infty f^2 |\hat{u}(f)|^2 df}{\int_0^\infty |\hat{u}(f)|^2 df} = 4\pi^2 \langle f^2 \rangle \tag{2-20}$$

式中　$\hat{u}(f)$——$u(t)$ 的频谱;

　　　　f——频率,是地震信号在频率上的表达;

　　　　$\langle f^2 \rangle$——对位移谱 $\hat{u}(f)$ 关于 f^2 加权平均后的平均频率。

　　因此,计算得到的 τ_C 值,可代表 P 波初始部分的平均周期参数,如果采用中小地震的 Brune 震源模型模拟地震波,且假定地震波前 3s 内的波形全部为 P 波,则可计算出周期参数 τ_C,其本质上是 P 波的拐角周期,实际上也就对应着位移谱重心位置处的周期,故而 τ_C 大致相当于 P 波首脉冲的宽度,因此可从根本上解释 τ_C 方法的物理含义。如前所述,地震 P 波携带的频率成分隐含了断层破裂规模的信息,因此 τ_C 正是对这一隐含的信息的量化表达,能够用于估算破裂尺度较大的大地震的震级。

　　Yamada 和 Ide 在综合研究总结 τ_C 方法后认为,计算过程中时间窗长度的选取会影响 τ_C 的值,进而影响震级的估计值,也就是说,采用该方法计算震级时也会出现震级饱和现象,因而,在采用 τ_C 方法估算大地震的震级时,震级估计值经常会偏小。

　　Wu 等研究表明,基于不同地区的地震波形记录,计算得到的 τ_C 值的差异性不大。利用美国加利福尼亚州南部地区、日本和中国台湾 3 个地区的 54 次地震事件记录统计回归得到如下关系:

$$M_W = 3.373\lg\tau_C + 5.787 \pm 0.412 \tag{2-21}$$

2.4.1.3　对数周期 $\tau_{\log}$ 方法

　　为了在以色列地震预警系统中寻找一种可靠的实时震级估算方法,A. Ziv 于 2014 年以 400 次震级范围在 3~4.7 级的美国加利福尼亚州南部地区的地震及 40 次震级范围在 4~7.3 级的日本地区的地震动垂直向记录为数据库(其中美国加利福尼亚州约 1130 条、日本 K-NET 约 950 条、日本 KiK-net 约 14 条),检验测试了几种震级估算方法,最后提出一种基于速度谱幅值,利用对数周期参数 $\tau_{\log}$ 估算震级的方法。

　　$\tau_{\log}$ 的基本原理基本与周期参数 τ_C 和 $\tau_P^{\max}$ 相同,由于初始地面运动的频率成分与震级相关,故可以将地震信号前几秒的平均或主要频率成分进行量化,并应用于实时震级估计中。由于 $\tau_{\log}$ 是直接从实际速度谱计算出来的,因此反映了信号的真实频率成分。

　　对数周期 $\tau_{\log}$ 是根据速度地震记录的早期频谱进行计算的,其计算步骤为:从 P 波到达的时间开始,提取一个预先指定的间隔;采用汉宁窗,以减少突然的频谱能量泄漏;经过傅里叶变换,得到功率谱系数值 $P_i(w_i)$;均匀间隔的功率谱系数值 P_i 的集合,在频率范围为 0.1~10Hz,以每隔 0.1log 单位的采样率重新采样;最后求得 $\tau_{\log}$:

$$\lg\tau_{\log} = \frac{\sum\limits_{i}(P_i^*(w_i) \cdot \lg(1/w_i))}{\sum\limits_{i}(P_i^*(w_i))}$$

$$0.1 \leqslant w_i \leqslant 10\text{Hz} \tag{2-22}$$

式中　$\lg\tau_{\log}$——对数周期参数 $\tau_{\log}$ 的常用对数值；

w_i——频率；

$P_i^*(w_i)$——重新采样后的功率谱，重点强调的是用 P_i^* 代替 P_i ，如果用 $1/w_i$ 乘以功率谱系数而不是 $\lg(1/w_i)$ ，会导致平均周期偏向于频谱中最高的频率。

然后利用以下拟合关系式，求出震级 M ：

$$\lg\tau_{\log} = aM + b \tag{2-23}$$

式中，a ，b 为拟合参数。

$\tau_{\log}$ 与目录震级的相关性要优于其他两种周期参数 τ_C 和 $\tau_P^{\max}$ ，可提高地震预警系统的性能。

2.4.2　幅值参数估算预警震级

地震是地壳运动而快速释放能量，期间会产生地震波的过程，随着能量的释放，地球表面会出现快速的振动，通常能量越大，地面振动幅度也越大。由于震级与震源发出的能量有一定的关系，能量越大震级越大，因此震级与地面振动幅度应该存在着一定的关系。因此，Wu 和 Zhao（2006）及 Zollo 等（2006）为了更好地利用地震动 P 波或 S 波记录初至若干秒波形信息，提出一种基于地震动峰值位移的幅值参数法，定义地震动 P 波到时后 3s 的时间窗内的垂直分向记录，经高通滤波（截止频率为 0.075Hz）后的峰值位移为 P_d 。Wu 等（2007）基于美国加利福尼亚州南部地区的地震记录，研究 P_d 与震级的相关性，根据关系式（2-24），拟合出相关系数。在地震预警系统中，当近震中处台站被触发，可利用 P 波信息确定震中位置，同时利用该拟合关系式估算震级。

$$M = c_1\lg P_d + c_2\lg R + c_3 \tag{2-24}$$

式中　c_1 ，c_2 ，c_3——经验拟合系数；

M——震级；

R——震源距。

$$\lg P_d = -3.463 + 0.729 \times M - 1.374 \times \lg R \tag{2-25}$$

Zollo 和 Lancieri（2008）利用震中距小于 50km 的 376 条强震动记录，在 Wu 等（2007）的基础上进一步改进和研究。研究发现，除了可采用时间窗为 3s 的 P_d 参数外，也可以选用 P 波初至后 2s、4s 时间窗内的位移幅值 P_d 或 S 波到时后 1s、2s 时间窗内的位移幅值 S_d 来估算震级，在 Zollo 的方法中，位移幅值为三分向合成峰值位移。震级拟合式如下：

$$\lg(PD) = c_1 M + c_2 \lg R + c_3 \tag{2-26}$$

式中　c_1，c_2，c_3——经验拟合系数；

　　　　M——震级；

　　　　R——震源距。

　　Zollo 建议的方法与 Wu 等的方法区别在于选用的时间窗不是固定值 3s 以及考虑了 S 波初至时的位移幅值，充分利用了近震记录。

　　Zollo 之所以考虑 S 波初至时的位移幅值，是因为 Zollo 等在实际观测中发现，在区域性地震预警系统中，靠近震中区布置的密集台网在强地面运动到达较远的目标区之前，可充分利用 S 波段信息，提高预警震级的估计值。

　　地震动初始 P 波、S 波的位移幅值与预警震级间的相关性，可用基本的震源理论进行解释。假定位移幅值 P_d 仅取决于地震动信号中相对高频成分，地震仪与破裂断层之间有一定的距离，断层破裂的辐射方式和方向性等因素被处于不同方位的台站平均化，则地震辐射的形式可一阶近似为点源模型的远场效应。此时，震中距为 R 处的 P、S 波的位移场 $u(t)$ 与地震矩速率 $\dot{M}$ 的关系式可写成：

$$u(t) = \mathrm{const}\,\frac{1}{R}\dot{M}\left(t - \frac{R}{c}\right) = \mathrm{const}\,\frac{1}{R}\Delta\dot{u}\Sigma = \mathrm{const}\,\frac{1}{R}\Delta\dot{u}CL^2 \tag{2-27}$$

式中　c——波速；

　　　$\Delta\dot{u}$——断层平均滑动速率；

　　　Σ——断层中初始阶段的滑动断层面积；

　　　L——断层线性长度；

　　　C——阶几何参数；

　const——常数。

　　根据断层动力学理论模型，滑动速率幅值 $\Delta\dot{u}$ 与动应力降 $\Delta\sigma$ 线性相关。

　　地震破裂的发育、传播由弹性能流密度控制：

$$G = f\left(\frac{v_r}{\beta}\right)\frac{\Delta\sigma^2}{\mu}L \tag{2-28}$$

式中　f——由破裂速度 v_r 和荷载情况决定的无量纲函数；

　　　μ——刚度系数。

　　根据上述分析，远场位移 $u(t)$ 和能流密度 G 都由应力降 $\Delta\sigma$ 和断裂的几何尺寸（断层长度 L）决定。通常认为，具有较大初始能量的破裂能够传播到更远的距离，因此初始 P 波、S 波位移幅值与震级之间的相关性可以认为是最终震级与初始阶段应力降水平和/或断层初始破裂面积间的关系。当然，断层破裂的传播还受到断层区域内相对强度的影响，因此，该结论只是建立在概率意义上而非是确定性的结论。

Zollo 等进一步进行研究和简化拟合式，将不同的台站处的三分向合成记录得到的 P_d 归一化到震中距为 10km 的参考场地上，并采用与震中距无关的形式，回归得到了震级和幅值参数 P_d^{10km} 之间的关系。

$$\lg P_d^{10km} = A' + B'M \tag{2-29}$$

还有很多国内外学者也对 P_d 方法进行了相关研究，结果表明 P_d 方法估算预警震级、稳定性和可靠性都比较好。采用单台 P_d 参数估计得到的震级结果的离散性较小。但在运用 P_d 方法估算大震的震级，选用的时间窗长为 2s 时，会出现震级饱和现象，若将时间窗长延长至 4s，震级饱和现象有所修正，饱和震级可提高至 7.0（Zollo et al）。

P_d 参数与 τ_C 参数相比，对于震级的敏感性要低（Da-Yi Chen et al），并且获取的过程较简单，只需对地震动记录进行简单的仿真和滤波处理即可得到该参数。更重要的是，当台站触发后 3s 即可得到 P_d 参数，大大减少了计算参数所需的时间损耗，延长了预警时间。

2.4.3　能量参数估算预警震级

2.4.3.1　累积绝对速度值 CAV

对于复杂的断层破裂区域和所涉及的短断层距离，基于时域中得到的某一参数是否超过预先设定的阈值为标准，提出一种简单的且稳定的地震预警算法。该算法通常被用于核电厂的早期预警中（EPRI NP-5930，1988；EPRI TR-100082，1991）。该算法是基于带通滤波后的峰值地面加速度（PGA）和累积绝对速度（cumulative absolute velocity，CAV）与预先设定的阈值水平的比较（Erdik et al，2003）。

土耳其伊斯坦布尔市的城市地震预警系统（Alcik et al，2009）采用累积绝对速度值作为评估地震动是否具有一定破坏能力的指标，对地震台站获得的加速度记录的 CAV 进行计算，以预先设定的报警阈值为标准，如果计算得到的 CAV 值大于该阈值，认为该地震动具有一定的破坏能力，则触发警报器，发布警报信息，快速采取一定的减灾措施，以达到减少灾害损失的目的。CAV 是通过对加速度记录 $a(t)$ 绝对值进行一步积分计算得到的，即：

$$CAV = \int_0^{t_{max}} |a(t)| dt \tag{2-30}$$

式中，积分下限 0 表示从第一个台站触发开始计算，积分上限 t_{max} 则须根据研究问题的需求事先进行预设定。

伊斯坦布尔市的城市地震预警系统中的 CAV 参数，并不能直接用于估算震

级 M，而是作为判断该地震是否具有一定破坏能力的指标。如果某个台站的 CAV 值超出了预先设置的阈值，预警系统将立即启动；当 3 个台站的 CAV 值超过阈值时，系统即发布初始地震警报信息；在初始警报过后，预警系统将更新阈值，即刻调高阈值，作为报警的新阈值，如果再有 3 个或 3 个以上的台站的 CAV 值到达或超过这个新的阈值后，则立即发布第二次预警信息。由于计算 CAV 参数需要等待一定的时间，故而将会影响地震预警信息发布的时效性。

2.4.3.2　括号累积绝对速度值 BCAV

之后 Yasin M. Fahjan 等（2011）在 CAV 的基础上，提出运用另一种累积绝对速度——括号累积绝对速度（bracketed cumulative absolute velocity，BCAV）的方法。该方法的首次提出是应用于核电厂的早期地震预警中，是对 CAV 方法的一种改进（EPRI TR-100082，1991），以消除对低幅值（无破坏能力）长持时的加速度记录的依赖。

计算括号累积绝对速度（BCAV）方法是基于一个时间范围的绝对速度总和，该时间范围与括号持时（地震动记录的加速度绝对值首次和末次超过某一阈值所对应的时间段）有关，即在一个特定的括号时间 Δt 范围内，最大加速度大于最小加速度的某一个特定值所对应的时间段。计算式如下：

$$BCAV = \sum \int_{t_i}^{t_i + \Delta t} |a(t)| dt \tag{2-31}$$

$$\Delta t = 1s, \ \max|a(t)| > 0.025g \tag{2-32}$$

式中，$a(t)$ 为 1s 内的括号间隔的加速度值，并且加速度绝对值至少有一个值超过预先确定的加速度阈值（代表性的阈值一般取 $0.025g$）。

因此，标准的累积绝对速度 CAV 变成了 1s 间隔内积分计算的离散和。每个区间只有在至少一个峰值超过了阈值水平的加速度时才会对求和做出贡献。通过这种方式，可以滤除含有低幅值和非破坏性幅值的长持时的加速度记录。

另外，Fahjan 等（2011）在进一步研究中，针对城市早期的预警自动触发系统提出了一种基于窗口的括号累积绝对速度 BCAV 改进的方法，该方法从以下几个操作方面进行考虑：（1）为了消除由于各种原因（如高噪声、小地震和远场地震事件）导致的 BCAV 值累积（BCAV 值的积累会导致不必要的假警报），即为了提高系统的鲁棒性，需要应用基于时间窗的加积绝对速度（BCAV-W）；（2）调整最初建议的应用于核电站的最低加速阈值；（3）以非常大的峰值地面加速度值（近场脉冲，持时小于 10s），从较低的加速度值（远场脉冲，持时大于 45s）的长持时地震运动中识别出较短持时的地震运动。

因此，基于时间窗的 BCAV-W 计算如下：

$$BCAV\text{-}W = \sum_{W=1}^{\text{winsize}} \int_{t_i}^{t_i + \Delta t} |a(t)| dt \tag{2-33}$$

$$\Delta t = 1\text{s}, \ \max|a(t)| > \min \text{ acc level} \tag{2-34}$$

式中，$a(t)$ 为 1s 内的特定的括号间隔的加速度值，并且加速度绝对值至少有一个值超过预先确定的加速度阈值（最小加速度水平值）。

对于特定时间窗长（winsize），对 1s 括号间隔的离散积分结果求和。在时间窗长中求和的离散积分将在该时间上不断移动。为了调整 BCAV 定义的阈值水平，Cabanas 等（1997）采用不同的阈值加速水平（25cm/s^2、20cm/s^2 和 15cm/s^2）进行了不同的分析，发现当阈值加速度水平为 20cm/s^2 时，BCAV 与地震破坏之间的相关性最好。

因此，根据该研究结果，一般取阈值加速度水平值为 $0.02g$。选择不同的时间窗对于地震预警系统的时效性有一定的影响，综合考虑多方面因素，一般选择较小的时间窗长（4s）是为了适合于系统的快速触发，但是增加时间窗大小可以提高算法的可靠性，但是选择超过 16s 的时间窗并没有明显的好处。在选取加速度记录时，可选用单个的加速度记录（东西向、南北向和垂直向）或选择水平向加速度合成值（两个水平向的平方和的平方根），亦可选择三分向记录合成值（三分向的平方和的平方根），但水平分向最大值算法给出了最快的触发时间，而三分向合成值算法是最为可靠的算法。

2.4.3.3　速度平方积分 IV2

Festa 等（2008）引入了一个与 CAV 相似的特征参数进行预警震级的估算，称该参数为速度平方积分 IV2，研究表明该参数与地震早期辐射出的能量密切相关，因此能够用于估算震级。

$$\text{IV2}_c = \int_{t_c}^{t_c + \Delta t_c} v_c^2(t)\,\mathrm{d}t \tag{2-35}$$

式中　角标 c——P 波震相或 S 波震相；

　　　t_c——震相到时；

　　　Δt_c——计算时间窗的长度；

　　$v_c(t)$——地震动速度时程记录。

Festa 等以大量的日本地震动记录为数据基础，分别采用窗长为 4s 的 P 波和窗长为 2s 的 S 波统计拟合出了 IV2 参数与最终震级间的关系，分析认为，IV2 参数只能用于估算震级小于 $M5.8$ 级地震的震级。原因为观测到的 P 波或 S 波长度是有限的。当震级大于 $M5.8$ 级时，选用的时间窗长度内的记录仅能反映断层破裂的一部分信息，所以当震级达到某一值时，计算得到的 IV2 参数不再随震级的增大而增大，即会出现震级饱和现象。之后进一步研究该参数，根据断层破裂面积将 IV2 参数进行归一化处理，经过归一化处理后的标准化 IV2 参数能够准确地估计 $4.0 < M < 7.0$ 范围内的地震。Festa 等人在研究中还发现，幅值参数 P_d 的平方

P_d^2 与 IV2 参数之比是初始滑动的代表值，仅与断层初始位错的大小有关，而与断层破裂面积无关。认为 $\lg(P_d^2/\text{IV2})$ 和最终震级之间的拟合关系较稳定，可用于估计地震的最终震级。更重要的是，$\lg(P_d^2/\text{IV2})$ 的量纲为时间的平方，很接近周期参数 τ_C。

此外，IV2 参数与地震断层破裂时辐射出的能量有关（Kabaniru et al, 1993）：

$$E_c = 4\pi \frac{R^2}{F^2 \Re_c^2} \rho v_c \text{IV2} \tag{2-36}$$

式中　c——角标，P 波震相或 S 波震相；

ρ ——介质密度；

v_c ——P 波或 S 波波速；

$\Re_c^2$ ——辐射模式实际值与均值之比的平方，一般取 1（Kabaniru et al, 1993）；

F ——自由面系数，一般取 $F = 2$。

因震级可量化震源释放出的能量大小，因此，IV2 参数与震级之间必然存在着很好的关系。

2.4.3.4　烈度震级 M_I

Yamamoto 等（2008）发现不同的特征参数估算预警震级时经常会出现震级饱和现象，于是他结合日本气象厅（JMA）计测烈度算法给出了一个新的预警震级计算参数，称为烈度震级 M_I。采用式（2-37）计算 M_I：

$$M_I = \frac{I}{2} + \lg R + \frac{\pi f T}{2.3 Q} + B - \lg C_j \tag{2-37}$$

式中　I——由台站地震动记录计算得到的 JMA 计测烈度值；

R——震中距；

f——卓越频率；

T——S 波走时；

Q——品质因子；

B——系统校正值；

C_j——台站校正值。

JMA 计测烈度 I 按式（2-38）计算：

$$I = 2\lg V_a + 0.94 \tag{2-38}$$

式中，V_a 为带通滤波后三分向加速度时程的合成值（三分向记录的平方和的平方根）中，持时大于等于 0.3s 的有效加速度幅值，也就是具有一定持时的有效加速度值。

M_I定义中使用了地震 S 波段的计测烈度值,因此在实际应用中,还需根据经验统计关系将计算得到的 P 波段的计测烈度值转换为 S 波段的计测烈度值。由于加速度时程是位移时程的两次微分,因此烈度震级 M_I 更多地受到地震记录中短周期(高频)成分的影响,与单纯使用位移时程相比,能更准确可靠地估计台站处的烈度。同时,烈度震级 M_I 也是一种可以实现在线实时计算的一种方法,根据台站获得的地震动记录即可以估计预警震级并及时更新估算结果。

Yamamoto 等的研究显示,利用烈度震级 M_I 参数计算大震级的地震震级时收敛得更快,即 M_I 能迅速到达某一稳定值,从而有效减少确定震级所需的时间。Horiuchi 的一系列研究也证实,烈度震级 M_I 算法具有精度高、稳定性好等特点。

2.4.4　其他估算预警震级方法

目前正在测试运行的地震预警系统中,除以上三大类预警震级算法外,还有一些其他方法可估算预警震级。

Cua 和 Heaton 及 Iervolino 等基于贝叶斯条件概率分布理论,提出了一种预警震级估算方法,即:

$$f_{M|d}(m|\boldsymbol{d}) = \frac{f_{d|M}(\boldsymbol{d}|M)f_M(m)}{\int_{M_{min}}^{M_{max}} f_{d|M}(\boldsymbol{d}|m)f_M(m)\,\mathrm{d}m} \tag{2-39}$$

式中　$f_{M|d}(m|\boldsymbol{d})$——震级 M 在与震级相关的特征参数向量空间 $\boldsymbol{d}$(如 τ_C、τ_P^{max} 和 P_d 参数等)条件下的条件概率密度函数;

$f_{d|M}(\boldsymbol{d}|M)$——震级为 M 时特征参数向量空间 $\boldsymbol{d}$ 的条件概率密度函数;

$f_M(m)$——震级 M 的先验概率分布函数。

Ierv Olino 等将震级-频度关系(G-R 关系)设置为 $f_M(m)$,而 Cua 和 Heaton 则在先验概率分布函数 $f_M(m)$ 中考虑了多个与震级相关的参数(如地震危险性区划图、已知断层分布情况、G-R 关系等)。假定特征参数向量空间 $\boldsymbol{d}$ 中各参数相互独立且服从对数正态分布,因此两者在研究中将 $f_{M|d}(m|\boldsymbol{d})$ 定义为向量空间 $\boldsymbol{d}$ 的最大似然函数。

Lancieri 和 Zollo 将上述基于贝叶斯条件概率分布理论的预警震级算法融入到一个采用进化算法的预警系统中。当台站检测到有地震事件发生时,预警系统随即触发,首先将 G-R 关系作为预警震级估算的先验概率分布函数,一旦得到新的震级特征参数,系统将立即更新震级 M 的先验概率密度函数(PDF),随后对震级的每次更新都以前一次获取的 PDF 函数为依据。在实际应用中,Lancieri 和 Zollo 主要选用 P_d 作为震级计算的特征参数。同时,事先设定了震级大于 6.5 级时的各震级重现率来解决大震时的震级饱和问题。基于贝叶斯条件概率分布理论的预警震级算法的准确性取决于事先假定的先验概率密度函数 PDF 的可靠性,因此需要综合历史地震、断层分布、发震断层类型等多个方面因素确定 PDF 函数。

马强（2008）[33]在对常用的预警震级确定方法进行总结后，提出了一种应用人工神经元网络的多频带、多参数地震预警震级持续确定方法。该方法实时仿真多频带多类型（加速度、速度和位移）记录，综合应用 P 波到达后不同时间段（110s）的多种震级指示参数（幅值参数：加速度峰值、速度峰值、位移峰值，周期参数：卓越周期、V_{max}/A_{max}、有效累积脉冲宽度），采用人工神经元网络方法持续对震级进行预测，综合考虑了 P 波携带信息的多种特征。采用人工神经元网络算法震级估计结果的准确性和可靠性很大程度上依赖于测试样本的代表性和可信性。

2.5　预警震级的快速估算

本节首先分析地震预警系统中一般认为效果较好的震级方法及与之相关的特征参数（周期参数 τ_P^{max} 和幅值参数 P_d），特别分析震级 $M \geqslant 5.5$ 的地震事件。以下分别分析周期参数 τ_P^{max} 和幅值参数 P_d（P 波到时后时间窗为 3s）以及 P 波到时后时间窗为 4s 和 5s 的位移峰值 P_d 和理论 S 波到时后时间窗为 1s、2s、3s、4s 和 5s 的位移峰值 S_d，图 2-4 所示为 2008 年 5 月 12 日汶川地震中台站编号为 051BXZ 的位移时程图。

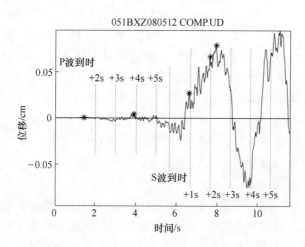

图 2-4　地震记录编号为 051BXZ080512 COMP. UD 位移记录示意图

2.5.1　周期参数 τ_P^{max}

基于上节所选地震加速度记录和数据处理（基线校正、滤波、P 波捡拾等）及实时仿真计算速度与位移时程，根据最大卓越周期 τ_P^{max} 计算式（2-11）计算每条地震动记录的周期参数 $\tau_P^{\max}$。

求得 P 波到时后 4s 时间窗内的 $\tau_P^{\max}$，并与 Kuyuk 和 Allen 于 2013 年基于美国加利福尼亚州和日本震级范围在 3.0~8.0 的地震记录建立的参数 $\tau_P^{\max}$ 和震级的关系式（2-40）进行对比（图 2-5a）；进而根据式（2-40）可得到震级的估算值，并与震级实际值进行对比（图 2-5b），估算震级与实际震级的残差（估算震级与实际震级之差）分布，如图 2-5c 所示。

$$\lg\tau_P^{\max} = c_1 M + c_2 \tag{2-40}$$

式中 c_1，c_2——回归系数，分别等于 0.19 和 -1.09；

M——震级。

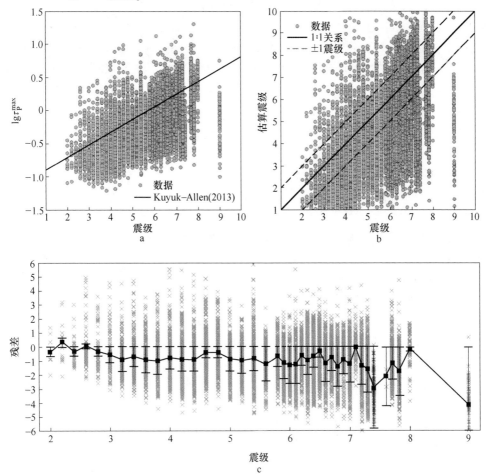

图 2-5 周期参数 $\tau_P^{\max}$ 与实际震级对比图

a—周期参数 $\tau_P^{\max}$ 与震级（实际）对比图；b—基于 Kuyuk-Allen（2013）估算震级与

震级（实际）对比图；c—基于参数 $\tau_P^{\max}$ 估算震级与实际震级残差图

（图 c 中灰色×号为估算震级与实际震级的残差，黑色方框为震级误差平均值，误差棒为误差的标准差）

从图 2-5a 中散点与直线的对比中可看出，尽管 $\lg\tau_{\mathrm{P}}^{\max}$ 与直线整体趋势一致，但整体离散程度较大，尤其是当 $M \geqslant 7$ 时，$\lg\tau_{\mathrm{P}}^{\max}$ 计算值整体偏低于直线代表的预测值，同样图 2-5a、b 中估算震级与实际震级相比，离散程度更加明显。从图 2-5c 残差可看出同样的现象，并且整体估算值低于实际值，尤其是 $M \geqslant 7$ 时。

2.5.2　幅值参数 P_d

地震过程中快速释放能量，同时产生地震波，引起地球表面快速振动，通常能量越大，地表振动的幅度也越大。由于震源释放的能量与震级有一定的关系，能量越大震级越大，因此震级与地表振动的幅度应该也存在着一定的关系。Wu 等（2006）及 Zollo 等（2006）为了更好地利用地震动 P 波或 S 波记录初至若干秒波形信息，提出了一种基于地震动峰值位移的幅值参数估计震级的方法。该方法中定义地震动 P 波到时后 3s 时间窗内的竖直分向记录，经截止频率为 0.075 Hz 的高通滤波后的峰值位移为 P_d。Wu 等（2007）基于美国加利福尼亚州南部地区的地震记录，研究 P_d 与震级的相关性，根据式（2-41）拟合出相关系数。在地震预警系统中，当近震中处台站触发后，可利用 P 波信息及式（2-41）估算震级。

$$M_{P_d} = c_1 \lg P_d + c_2 \lg R_{\mathrm{epi}} + c_3 \tag{2-41}$$

式中　c_1，c_2，c_3——回归系数；

　　　　R_{epi}——震中距，km；

　　　　M_{P_d}——预警震级估算值。

基于上节所选地震加速度记录和数据处理（基线校正、滤波、P 波捡拾等）及实时仿真计算速度与位移时程，最后求得 P 波到时后 4s 的时间窗内的位移峰值 P_d，带入 Kuyuk 和 Allen 于 2013 年建立的并推荐可适用于全球地震预警系统中最佳的震级估算的关系式（2-41），式中 c_1，c_2 和 c_3 分别等于 1.23、1.38 和 5.39，得到预警震级估算值 M_{P_d}，并与实际震级进行对比，如图 2-6b 所示，图中直线为 1:1 关系线，虚线表示 ±1 个震级单位的标准差。从图中可看出，尽管整体震级估算值 M_{P_d} 和实际值 M 较为符合，但小震高估，大震低估现象依然明显。不过与图 2-6b 相比，离散程度大大改善，这也说明基于幅值参数 P_d 估算的震级离散程度和准确度要优于基于周期参数 $\tau_{\mathrm{P}}^{\max}$。

为了能与图 2-5a 做对比，将式（2-41）转化为与式（2-40）相似的形式，如式（2-42）（图 2-6a）：

$$Y = c_1 M + c_2 \tag{2-42}$$

式中　Y——$\lg P_d + \lg R_{\mathrm{epi}}$ 的组合；

　　　　M——震级；

　c_1，c_2——回归系数。

图 2-6a 中直线为 Kuyuk 等（2013）据式（2-42）回归出的关系式，其中 c_1 和 c_2 分别为 0.79 和 -4.35，从图中可看出，震级低于 5.5 级时散点略高于直线，而震级大于 5.5 级时散点低于直线。这同图 2-6b 表现出的现象一致，从震级估算值与震级实际值的残差分布（图 2-6c）中可更加清晰地看出同样的现象（$M \leqslant$ 5.5 时，估算值高于实际值；$M \geqslant 5.5$ 时，估算值低于实际值）。

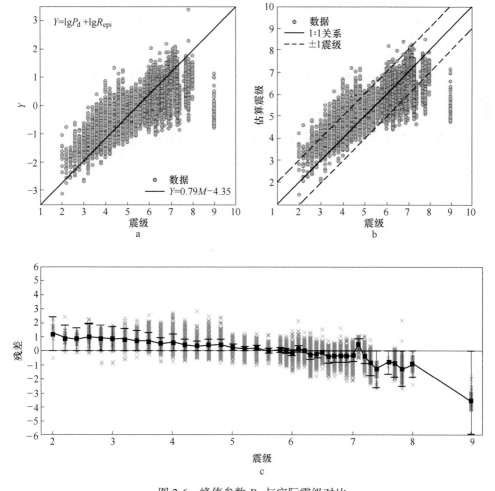

图 2-6 峰值参数 P_d 与实际震级对比

a—参数 $\lg P_d + \lg R_{epi}$ 与实际震级对比；b—基于式（2-42）估算震级与实际震级对比；

c—基于参数 P_d 估算震级与实际震级残差

（图 c 中灰色×号为估算震级与实际震级的残差，黑色方框为震级误差平均值，误差棒为误差的标准差）

分析震级 $M \geqslant 5.5$ 的地震事件（2005 年 8 月 ~ 2017 年 8 月发生于日本陆地，震级不小于 5.5 级，共 18 次地震，2562 组三分向记录），计算不同时间窗长的位移幅值参数与震级的关系。Zollo 等（2006）将各台站获得的幅值参数 P_d 归一化

到震中距为 10km 的参考场地上，采用与震中距无关的一元线性关系式（2-43）
拟合幅值参数 P_d^{10km} 与震级之间的关系。本书依然将不同震中距处的幅值参数归
一化到震中距等于 10km 的参考场地，同样采用式（2-43）进行拟合：

$$\lg A = p_1 M + p_2 \tag{2-43}$$

式中　　A——幅值参数，如 P_d 和 S_d 归一化到震中距为 10km 的参考场地后的幅值
　　　　　　参数，分别记为 P_d^{10km} 和 S_d^{10km}；

　　　　M——震级；

　　p_1，p_2——拟合参数。

　　拟合结果如图 2-7 所示，图 2-7a～c 分别为 P 波到时后 3s、4s 和 5s 的时间窗
峰值位移；图 2-7d～h 分别为理论 S 波到时后 1s、2s、3s、4s 和 5s 的时间窗峰值
位移。从图中可清晰地看出随着计算时间窗长的增加位移幅值与震级的关系表现
出的现象，离散性在一定程度上更加收敛，拟合关系的标准差也越来越小。

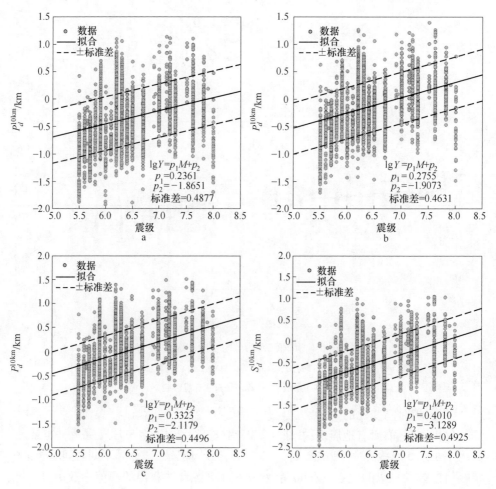

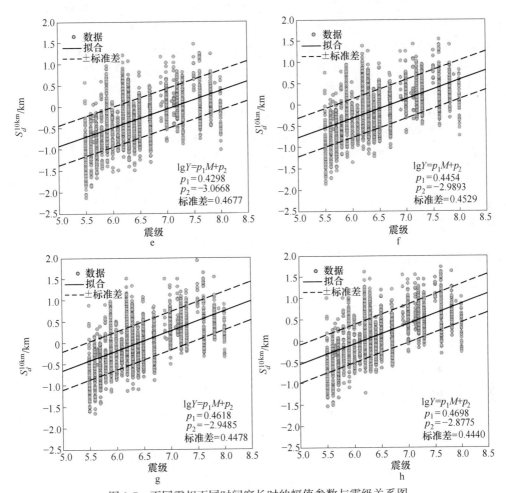

图 2-7 不同震相不同时间窗长时的幅值参数与震级关系图

a—P 波到时后 3s；b—P 波到时后 4s；c—P 波到时后 5s；d—S 波到时后 2s；

e—理论 S 波到时后 3s；f—理论 S 波到时后 4s；g—理论 S 波到时后 5s；h—理论 S 波到时后 6s

之所以考虑 S 波初至时的位移幅值，是因为在实际观测中发现，在区域性地震预警系统中，靠近震中区布置的密集台网在强地面运动到达较远的目标区之前，可充分利用 S 波段信息，提高预警震级的估计值（Zollo et al，2006）。

同时有如下考虑：（1）实际地震预警应用中，震级的确定需要实时估算。（2）触发台站随着地震波的传播而逐渐增多。（3）每台触发台站获取到的地震动时程是随时间变化的。（4）不能完全依赖于 P 波段，同时要考虑 S 波段信息，即当前时间之前所有地震动信息。（5）τ_P^{max} 和 P_d 中推荐的最优计算时间窗长为 3s 或者 4s（P 波到时后 3s 或 4s），相当于图 2-3 中对应的 10km，图中假设 S 波和 P 波速度分别为 3.55km/s 和 6.01km/s，震源深度 14km。如果地震发生后 10s

P 波传播距离约 70km，S 波传播距离为 40km，也就是说，震中距为 50km 处的台站 P 波刚触发，而震中距为 20km 以内的台站已经接收到了 S 波，此时可考虑所有获取到的时程记录，而不仅是利用 P 波段信息，可能会提高震级估算的精度。

（6）实际震级估算时，应充分利用近源台站获取到的记录，近源台站大部分为 S 波段，S 波携带能量，与震级关系更为密切。

因此，本书提出以一定震中距（如距震中 10km、20km、30km、40km 和 50km）范围内的触发台站的从接收到地震波至理论 S 波到时后 2s 该时间段内的峰值参数（即 P 波到时至理论 S 波到时后 2s 的加速度峰值、速度峰值和位移峰值），建立与震级的统计关系。

采用最小二乘法，基于 2.2 节地震动数据，计算满足要求的参数（峰值加速度），按式（2-44）进行拟合回归：

$$\lg Y = c_1 + c_2 M + c_3 \lg R \tag{2-44}$$

式中　M——震级；

　　　R——距离，在拟合时，选用震中距；

　　　Y——幅值参数，P 波到时至理论 S 波到时后 2s 的该时间段内的加速度峰值，本书选用三分向合成加速度峰值；

c_1, c_2, c_3——拟合系数。

在实际估算预警震级的时候，可根据特定震中距范围内触发的台站获取到的地震动记录，计算地震动峰值，带入式（2-45）即可快速估算出预警震级。

$$M = (\lg Y - c_3 \lg R - c_1)/c_2 \tag{2-45}$$

回归结果见表 2-1。

表 2-1　一定震中距范围内的加速度峰值与震级 M 的拟合系数

震中距范围 /km	系　数			MSE	STD
	c_1	c_2	c_3		
10	0.4472	0.3904	-0.3234	0.1526	0.9961
20	0.4976	0.4282	-0.6424	0.1327	0.8496
30	0.6774	0.4250	-0.8451	0.1352	0.8645
40	0.8670	0.4008	-0.9379	0.1295	0.8977
50	0.9850	0.3872	-0.9935	0.1283	0.9250

图 2-8～图 2-12 所示分别为震中距为 10km、20km、30km、40km 和 50km 范围内的加速度峰值估算震级情况图，其中图 2-8a～图 2-12a 是根据式（2-44）和表 2-1 估算出的震级值与真实震级比较，从图中可见，散点基本分布于 1∶1 关系线两侧、±标准差范围内，线性关系较好；同样从图 2-8b～图 2-12b 估算震级

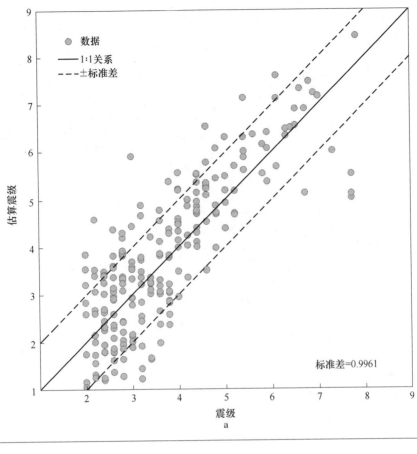

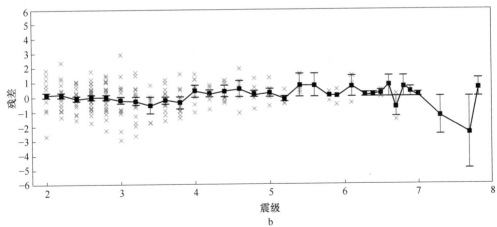

图 2-8 震中距 10km 范围内的加速度峰值估算震级比较

a—震级估算值与震级实际值对比；b—震级估算值与震级实际值残差分布

（图 b 中灰色×号为估算震级与实际震级的残差，黑色方框为震级误差平均值，误差棒为误差的标准差）

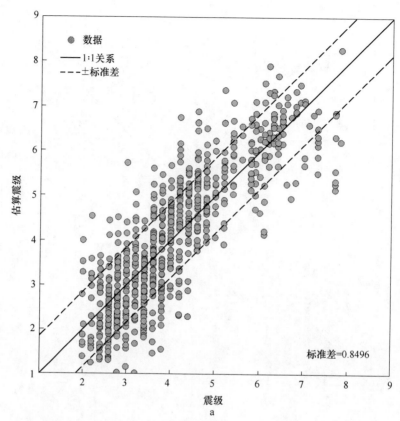

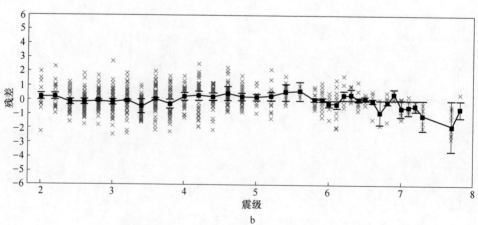

图 2-9 震中距 20km 范围内的加速度峰值估算震级比较

a—震级估算值与震级实际值对比；b—震级估算值与震级实际值残差分布

（图 b 中灰色×号为估算震级与实际震级的残差，黑色方框为震级误差平均值，误差棒为误差的标准差）

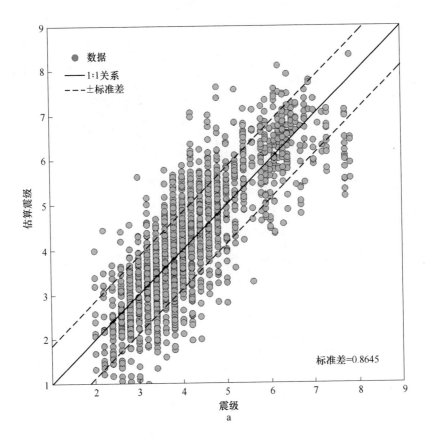

a

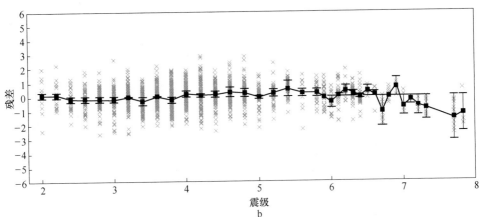

b

图 2-10 震中距 30km 范围内的加速度峰值估算震级比较

a—震级估算值与震级实际值对比；b—震级估算值与震级实际值残差分布

（图 b 中灰色×号为估算震级与实际震级的残差，黑色方框为震级误差平均值，误差棒为误差的标准差）

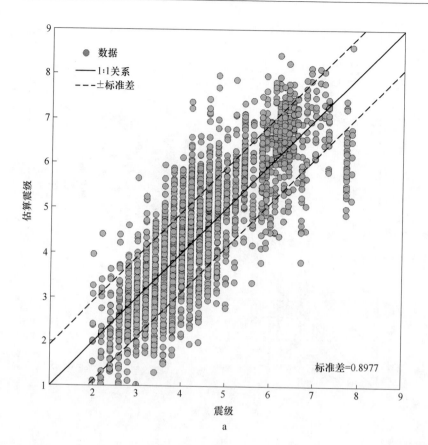

a

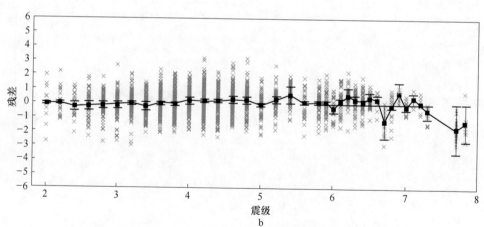

b

图 2-11 震中距 40km 范围内的加速度峰值估算震级比较

a—震级估算值与震级实际值对比；b—震级估算值与震级实际值残差分布

（图 b 中灰色×号为估算震级与实际震级的残差，黑色方框为震级误差平均值，误差棒为误差的标准差）

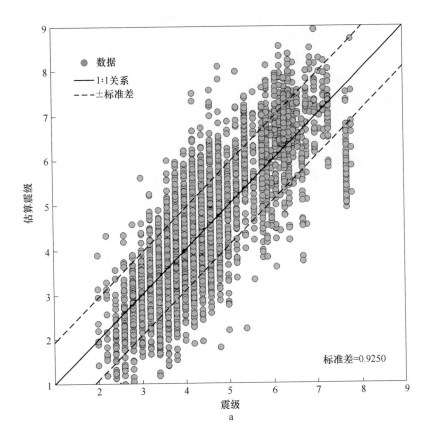

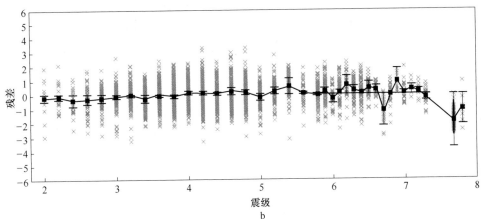

图 2-12 震中距 50km 范围内的加速度峰值估算震级比较

a—震级估算值与震级实际值对比；b—震级估算值与震级实际值残差分布

（图 b 中灰色×号为估算震级与实际震级的残差，黑色方框为震级误差平均值，误差棒为误差的标准差）

与实际震级的残差图中可以看出，无论是 10km、20km、30km，还是 40km 和 50km，各震级段对应的残差均值基本分布在 0 直线附近，这说明震级估算值和震级实际值基本一致，也能说明随着触发台站的增多，可用数据增多，也就是说利用台站获取到的地震波信息，尤其是 S 波段，一定程度上可使震级的估算变得可靠；尤其是在 $M \leqslant 7.2$ 时，更加一致和稳定，这也说明了对于小震级事件的预测，低估现象在一定程度上可得到很大改善。

从图 2-8~图 2-12 中可看出，不同震中距范围内的峰值参数与震级的线性相关性较好，随着震中距的增大，加速度幅值参数与震级之间的相关性增强，离散性较小。但是，在估算震级时，无法避免大震级低估现象，尤其是对于震级大于 7.0 级的大震事件的高估，但从图 2-8~图 2-12 可以看出对大震级的估算，与 P_d 参数和 τ_P^{max} 参数相比，一定程度上有所改善，本身大震级近源数据较少，拟合数据不够充足，并不能说明该方法不适合于大震级事件的震级估算。

2.6　本章小结

本章针对地震预警系统中的一个核心技术环节——预警震级的快速估算进行了研究，对国内外常用震级方法及与之相关参数进行了分析，并基于日本 K-NET 台网的强震动记录，分别验证了地震预警中常用幅值参数 P_d 和周期参数 τ_P^{max} 估算震级的方法。从本章分析结果可看出，利用这两种参数均可较准确地估算出地震震级，但均具有一定的离散性，依然出现小震高估和大震低估现象，特别是对大震级事件的震级低估，这也是目前地震震级估算的普遍现象。

本章考虑充分利用当前时刻获得的地震记录信息，提出了利用距震中一定范围（10km、20km、30km、40km 和 50km）内触发的台站实时获取到的地震动峰值加速度（不完全基于 P 波段信息，每条地震动 P 波到时至理论 S 波到时后 2s 的该时间段内的加速度峰值）估算震级的方法，建立了距震中一定范围内的加速度峰值与震级的统计关系式。结果表明基于距震中一定范围内的峰值加速度建立的拟合关系估算震级，具有较好的估算结果，尤其是在 $M \leqslant 7.2$ 时，估算结果更加稳定，残差更小，这也说明了对于小震级事件的估算，低估现象得到很大改善；对大震级事件的估算，与基于 P_d 参数和 τ_P^{max} 参数的估算结果相比，也有所改善。

③ 断层破裂主方向和破裂方式的快速确定

3.1 引言

传统地震预警是基于震源为点源模型的简化条件来估计地震动场，结果显示为各向同性且以震中为圆心的形状。但对于大地震来说，震源往往是由于较大断层破裂引起的，这种简化忽略了断层破裂尺寸和方向的影响，会低估最接近断层处的地震，导致地震动场的估计结果与实际情况不符。因此，实时而准确地测定断层破裂主方向，有利于预测出更为真实的地震动场分布。

本章的主要内容是基于 Boatwright（2007）及 Convertito 等（2012）提出的一种方向性效应断层破裂能量辐射理论确定破裂主方向的方法，研究断层破裂主方向和破裂方式的实时确定方法。

3.2 计算方法

Boatwright（2007）通过研究小到大地震的地震动峰值参数，将方向性效应引入地面运动模型，分析方向性效应对这些参数的影响，提出了估计断裂尺寸和方向的方法。Seekins 等（2010）和 Convertito 等（2012）在此基础上改进了该方法。

Ben-Meanhem（1961）首次将复杂的震源破裂过程简化为具有一致滑动分布和恒定破裂速度、均匀介质传播的简单的有限源模型，采用方向性系数 C_d（式（3-1））表示单向破裂（图 3-1a）的震源对地震动参数的影响。

$$C_d = \frac{1}{1 - \alpha\cos\vartheta} \tag{3-1}$$

式中，$\alpha = v_r/\beta$，称为马赫数，一般情况下 $\alpha < 1$，其中，v_r 为断层破裂速度，β 为剪切波速；ϑ 为断层破裂方向与离源地震波之间的夹角，对于直达 P 波或 S 波，$\vartheta = \theta - \varphi$，其中，$\theta$ 和 φ 分别为断层破裂主方向和震中到台站的方位角，规定以正北向为起点，顺时针旋转为正。

实际地震的震源破裂过程比较复杂，并不是简单的线性单侧均匀破裂，通常是在一个断层面上进行的，初始破裂位置可能位于断层面上的任意一点，并不一定是从断层面的一端向另一端持续破裂。Hirazawa 等（1965）基于单侧破裂模型，提出了应用于双侧破裂的简单的线形震源模型（图 3-1b）：首先将整个断层分为两个以破裂初始位置为起点沿着相反方向进行破裂的子断层，然后矢量叠加两个子断层的方向性系数，并近似认为叠加后的方向性系数即为整个断层的方向性系数。同样，Boatwright（2007）基于以往研究，假设 Ben-Meanhem（1961）方法也可应用于双侧破裂中，提出了简化的方向性函数，如式（3-2）所示：

$$C_{\mathrm{d}} = \sqrt{\frac{\kappa^2}{(1 - \alpha\cos\vartheta)^2} + \frac{(1 - \kappa)^2}{(1 + \alpha\cos\vartheta)^2}} \qquad (3\text{-}2)$$

式中　　$\kappa = L'/L$——初始破裂点相对位置；

L——地震破裂的断层总长度；

L'——主破裂方向的断层长度，如图 3-1b 所示。

因此，$\kappa = 0.5 \sim 1$，当 $\kappa = 0.5$ 时，地震破裂为双侧破裂；当 $\kappa = 1$ 时为单侧破裂。

于是，利用式（3-2）原则上可以确定出断层的主破裂方向，除非场地效应、路径衰减效应等其他效应对地震动峰值的影响非常大。将根据地面运动模型得到的理论预测值与方向性函数 C_{d} 修正后的实际地震动记录参数（如 PGA、PGV）通过一定方式进行比较后，可以得出表示方向性效应的函数的参数值，进而可估计出地震破裂的方向。

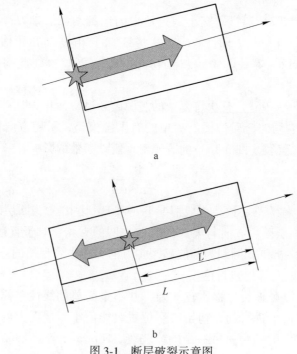

a

b

图 3-1　断层破裂示意图

a—单侧破裂；b—双侧破裂

3.3　方向性函数 C_d 参数分析

在运用本方法进行实际地震反演计算断层破裂主方向之前，需要先对方向性函数 C_d 进行分析，以研究与 C_d 有关的基本参数（如马赫数 α 、断层破裂的方向角与离源地震波之间的夹角 ϑ 及初始破裂点相对位置 κ ）之间可能的相关性。根据 $\kappa = L'/L$ ，κ 和 L 之间存在明显的线性关系，也就是说，可通过 κ 求出断层破裂的长度。图 3-2 所示为方向性函数 C_d 与参数（α、κ 和 ϑ）的关系，图 3-2a、b、c 和 d 分别对应 $\vartheta = 0°$、$\vartheta = 60°$、$\vartheta = 90°$ 和 $\vartheta = 180°$。从图 3-2 中可看出，参数 α 和 κ 具有较强的相关性，不能单独考虑。进一步分析参数 α 和 ϑ 对方向性函数 C_d 的影响，如图 3-3 所示，图 3-3a、b、c 和 d 分别为当 $\kappa = 0.5$、$\kappa = 0.65$、$\kappa = 0.85$ 和 $\kappa = 1$ 时，α 分别为 0.3，0.4，…，0.8，0.9 时，ϑ 和 C_d 的关系，从图 3-3 中可看出，角度 ϑ 对 C_d 的值影响较大，也就是说断层破裂主方向

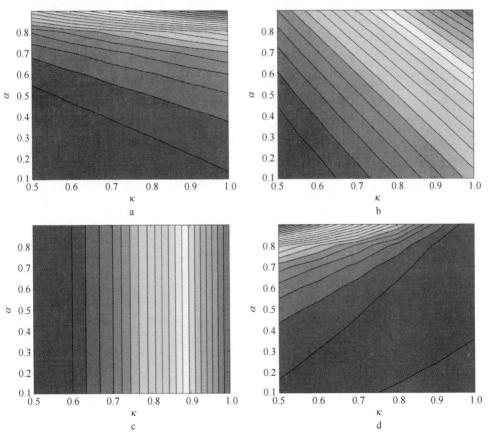

图 3-2　方向性函数 C_d 参数（α 、κ）分析

a—$\vartheta = 0°$；b—$\vartheta = 60°$；c—$\vartheta = 90°$；d—$\vartheta = 180°$

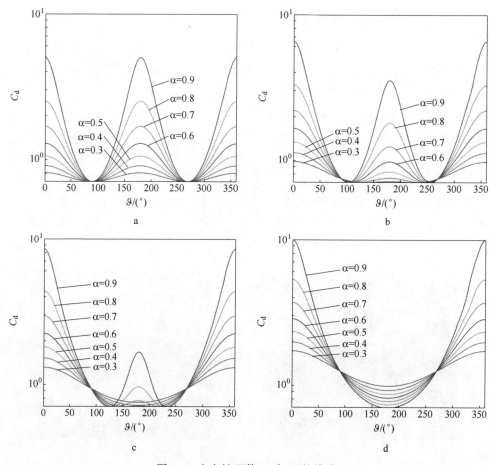

图 3-3 方向性函数 C_d 与 ϑ 的关系

a— $\kappa = 0.5$; b— $\kappa = 0.65$; c— $\kappa = 0.85$; d— $\kappa = 1$

与离源地震波之间（或者据 $\vartheta = \theta - \varphi$, φ 为震中到台站的方位角）的夹角 ϑ 对于方向性 C_d 的指向性比较明显。

最后，通过将方向性函数 C_d 的参数分析及参数分布图中数据分布特点、数据误差、计算结果等综合考虑，结合断层破裂速度和剪切波速，并参考相关文献（Vincenzo et al, 2012；Aki et al, 2002），取 $\alpha = 0.8$。

3.4 距离参数的修正

我国的地震动模型中多采用震中距表示距离的参数，但对于大地震，断层破裂长度可达几十千米甚至几百千米，例如汶川地震断层破裂长度达 300 多千米，以震中距表示的地震动模型显然已经不再适合，此时需考虑断层破裂长度的影响，可采用台站至断层破裂面的最短距离——破裂距（如图 3-4 中所示 R_{rup} ）或台站至断层破裂面在地表投影的最短距离——R_{JB}距离（如图 3-4 中所示 R_{JB}）表示的地震动模型。图 3-4 中还给出了震中距 R_{epi}、震源距 R_{hypo} 的示意图。这些与断层破裂长度有关的距离参数，能够体现断层破裂面的大致位置，同时考虑了有限断层对地震动的影响。于是，在震级已知的条件下可根据断层破裂的长度、宽度与震级的统计关系，给出破裂面长度 L 和宽度 W 的大概范围。

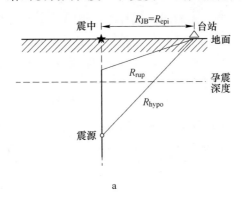

a

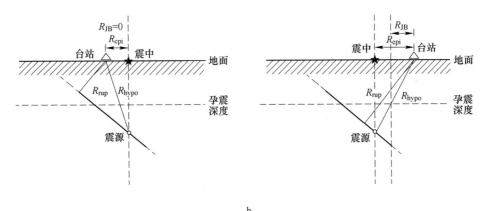

b

图 3-4　地面运动模型中几种距离的定义

a—垂直断层；b—倾斜断层

研究表明，一次地震的断层破裂长度的对数值与震级之间存在着较好的线性关系（Wells et al，1994；王海云，2004）。Wells 等（1994）给出了适用于所有断层类型的统计关系式（3-3）和式（3-4）：

$$M_W = 5.08 + 1.16 \lg L \tag{3-3}$$

$$\lg L = -3.22 + 0.69 M_W \tag{3-4}$$

式中　L——断层破裂长度，一般为 $1.3 \sim 432 \text{km}$；

M_W——矩震级，一般为 $5.2 \sim 8.1$。

本书中在已知地震震级后确定断层破裂长度的估计值时，参考王海云

（2004）给出的断层长度 L 和宽度 W 与矩震级的统计关系，如式（3-5）所示。

$$\begin{cases} \lg L = 0.57 M_{\rm W} - 2.29 \\ \lg W = 0.32 M_{\rm W} - L \end{cases} \tag{3-5}$$

式（3-5）可消去 $M_{\rm W}$，得到断层长度 L 和宽度 W 之间的关系式（3-6）：

$$W = 10^{0.5614 \lg L + 0.2744} \tag{3-6}$$

对于大地震，需要考虑断层破裂长度的影响，为了能够运用台站到断层的最近距离，并与断层破裂参数联系，于是假设如图 3-5 所示模型，以平面坐标系中的几何数学模型为基础，计算台站到断层面的最近距离（$R_{\rm JB}$）。

假设断层从震中（如图 3-5 五角星所示）开始，以一定的破裂速度沿着断层破裂主方向 θ（以正北方向 N 为起始点，顺时针旋转为正）向两侧或单侧破裂，图 3-5 中 $\kappa = L'/L$，表示初始破裂点相对位置，其中 L 为地震断层破裂的总长度（式（3-5）），L' 为断层破裂主方向上的断层长度；图中 W 为断层面的宽度，可据式（3-5）估计得到；图 3-5 中三角形表示某一个地震台站，与断层主破裂方向的夹角为 θ，顺时针为正；假设断层破裂面可用点 1，2，…，8（如图 3-5 中空心圆点所示）围成的矩形表示；则某一台站到断层面在地表投影面的最近距离可表示为式（3-7）：

$$R_{\rm JB} = \min(D_i) \tag{3-7}$$

式中　$R_{\rm JB}$——台站到断层破裂面在地表投影面的最近距离，此处断层破裂面在地表投影用点 1，2，…，8 所围成的长 L 和宽 W 的矩形表示；

　　　　D_i——台站分别到点 1，2，…，8 的距离，$i=1$，2，…，8。

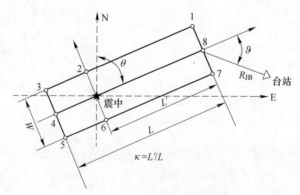

图 3-5　断层破裂及断层面示意图

（虚直线箭头分别为正北向和正东向；θ 为断层破裂主方向，以正北向 N 为正；
ϑ 为台站与断层破裂主方向的夹角；三角形为地震台站；
圆圈 1~8 所围的方框表示断层面在地表投影面的范围）

于是，每一对断层破裂参数（θ，κ）（断层破裂主方向 θ，初始破裂点相对

位置 κ），均可投影到平面坐标系（沿着断层破裂主方向为横轴，垂直于断层方向的轴为纵轴，如图 3-5 中实线箭头）中。

假设地震发生后，震中位置（地理坐标）点（e_{lon}，e_{lat}）已知，投影到平面坐标系中，可令：

$$\begin{cases} x_c = e_{lon} \\ y_c = e_{lat} \end{cases} \tag{3-8}$$

式中，x_c，y_c 为震中位置在平面坐标系中的水平向坐标和竖直向坐标。

对于点 1，在平面坐标系中的坐标可表示为式（3-9）：

$$\begin{cases} x_1 = x_c + \dfrac{L'}{111\cos(x_c \cdot \pi/180)} \\ y_1 = y_c + \dfrac{W/2}{111} \end{cases} \tag{3-9}$$

对于点 2，在平面坐标系中的坐标可表示为式（3-10）：

$$\begin{cases} x_2 = x_c \\ y_2 = y_c + \dfrac{W/2}{111} \end{cases} \tag{3-10}$$

对于点 3，在平面坐标系中的坐标可表示为式（3-11）：

$$\begin{cases} x_3 = x_c - \dfrac{L - L'}{111\cos(x_c \cdot \pi/180)} \\ y_3 = y_c + \dfrac{W/2}{111} \end{cases} \tag{3-11}$$

对于点 4，在平面坐标系中的坐标可表示为式（3-12）：

$$\begin{cases} x_4 = x_c - \dfrac{L - L'}{111\cos(x_c \cdot \pi/180)} \\ y_4 = y_c \end{cases} \tag{3-12}$$

对于点 5，在平面坐标系中的坐标可表示为式（3-13）：

$$\begin{cases} x_5 = x_c - \dfrac{L - L'}{111\cos(x_c \cdot \pi/180)} \\ y_5 = y_c - \dfrac{W/2}{111} \end{cases} \tag{3-13}$$

对于点 6，在平面坐标系中的坐标可表示为式（3-14）：

$$\begin{cases} x_6 = x_c \\ y_6 = y_c - \dfrac{W/2}{111} \end{cases} \tag{3-14}$$

对于点 7，在平面坐标系中的坐标可表示为式（3-15）：

$$
\begin{cases}
x_7 = x_{\mathrm{c}} + \dfrac{L'}{111\cos(x_{\mathrm{c}} \cdot \pi/180)} \\[2mm]
y_7 = y_{\mathrm{c}} - \dfrac{W/2}{111}
\end{cases}
\tag{3-15}
$$

对于点 8，在平面坐标系中的坐标可表示为式 (3-16)：

$$
\begin{cases}
x_8 = x_{\mathrm{c}} + \dfrac{L'}{111\cos(x_{\mathrm{c}} \cdot \pi/180)} \\[2mm]
y_8 = y_{\mathrm{c}}
\end{cases}
\tag{3-16}
$$

这些坐标点可写成矩阵形式，并与断层破裂主方向 θ 相关联，换算到地理位置坐标系中，可表示为式 (3-17)：

$$
\begin{bmatrix} X \\ Y \end{bmatrix} =
\begin{bmatrix} \cos((\theta - 90) \cdot \pi/180), & \sin((\theta - 90) \cdot \pi/180) \\ -\sin((\theta - 90) \cdot \pi/180), & \cos((\theta - 90) \cdot \pi/180) \end{bmatrix} \cdot
\begin{bmatrix} x_i + e_{\mathrm{lon}} \\ y_i + e_{\mathrm{lat}} \end{bmatrix}
$$

$$
\tag{3-17}
$$

式中 $(X,\ Y)$ ——换算到地理位置坐标系中的点 1，2，…，8 的坐标；

$\quad\quad\quad$ $(x_i,\ y_i)$ ——平面坐标系中的点 1，2，…，8 的坐标，$i=1$，2，…，8。

于是，对于每一个台站有：

$$
\begin{cases}
x_{\mathrm{s}} = s_{\mathrm{lon}} \\
y_{\mathrm{s}} = s_{\mathrm{lat}}
\end{cases}
\tag{3-18}
$$

式中，s_{lon}，s_{lat} 分别为台站的经度和纬度。

最终，可在地理位置坐标系中计算出台站到断层面在地表投影面的最近距离 R_{JB}，即可建立出该距离与断层破裂主方向 θ 和初始破裂点相对位置 κ 的关系，如式 (3-19) 所示：

$$
R_{\mathrm{JB}} = f(\theta,\ \kappa \mid L,\ e_{\mathrm{lon}},\ e_{\mathrm{lat}})
\tag{3-19}
$$

3.5 点源地震动扩散模型的实时建立

根据实际记录得到的地震动峰值参数（峰值加速度、峰值速度和峰值位移）及方向性函数 C_{d} 实时估计断层破裂的方向和初始破裂点相对位置，需要实时建立点源地震动扩散模型。

地震发生后，在地震震级和震中位置已知的情况下，震后的某时间段（地震发生后 1s、2s、3s、4s、…）触发的每个台站在该时间段内的峰值参数（主要为 P 波段的峰值加速度 P_a、峰值速度 P_v、峰值位移 P_d 和反应谱等）观测值与震源距具有一定的关系（如图 3-6 和图 3-7 所示，分别对应 1999 年 9 月 21 日中国台湾集集地震和 2009 年 4 月 9 日意大利拉奎拉地震）。遵循简单、合理的原则，选取式 (3-20) 表示的模型：

$$\lg Y = c_1 + c_2 \lg (R + c_3) \tag{3-20}$$

式中　　Y——计算时刻前的地震动峰值加速度、峰值速度和峰值位移；

　　　　R——震源距；

c_1, c_2, c_3——相关的回归系数。

该模型尽管形式简单，仅需确定 3 个系数，但却能够很好地反应地震动峰值加速度、速度和位移与距离之间的关系。在震级及震中已知的情况下，场地条件一定，距离为 R 处的地震动峰值加速度、速度和位移只与距离有关。可由最小二乘法根据式（3-20）实时回归得到相关系数。

3.6　实时确定断层破裂参数 θ 和 κ

计算用方向性系数 C_d 实时修正后的地震动峰值观测值与实时拟合值之间的残差，使其达到最小（$misfit$）时所对应的参数，即为断层破裂方向和初始破裂位置。对于每种断层模型（θ，κ），其最大密度函数为：

$$f(\theta, \kappa) = e^{-misfit} \tag{3-21}$$

其中：

$$misfit = \sum_{i=1}^{Ns} \left\{ \lg \left(\left[Y_i^{\mathrm{obs}} C_d(\kappa, \vartheta_i) \right] \right) - \lg (Y_i^{\mathrm{reg}}) \right\}^2 \tag{3-22}$$

式中　　Ns——某时间段内触发的台站数量；

$\vartheta_i = \theta - \varphi_i$——离源地震波与断层破裂方向之间的夹角，$\theta$ 和 φ_i 分别为断层破裂主方向和第 i 个台站到震中的方位角，规定以正北向为正，顺时针旋转；

　　　Y_i^{reg}——按式（3-20）得到的第 i 个台站的实时峰值参数回归值；

　　　Y_i^{obs}——地震发生后某时间段（地震发生后 1s，2s，3s，4s，…）触发的第 i 个台站在该时间段的峰值参数（加速度 P_a、速度 P_v、位移 P_d、反应谱等）的观测值，取两水平方向（东西向和南北向）的几何平均值，按式（3-23）计算：

$$P_Y = \sqrt{P_Y^{\mathrm{EW}} P_Y^{\mathrm{NS}}} \tag{3-23}$$

式中　　P_Y——可以为水平向某时间段地震动参数峰值加速度、速度或位移值；

P_Y^{EW}，P_Y^{NS}——分别为东西向（EW）和南北向（NS）的某时间段的峰值参数。

震后某时刻第 i 个台站处的观测值 Y_i^{obs} 如图 3-6~图 3-8 空心圆点所示，实时回归值 Y_i^{reg} 由式（3-20）得到，如图 3-6~图 3-8 中曲线所示，带入该台站的震源距后即可得到。

可通过网格搜索方法确定式（3-22）中的 $C_d(\kappa, \vartheta)$ 表示的断层破裂参数，包括离源地震波与断层破裂方向之间的夹角 ϑ（$\vartheta = \theta - \varphi$，$\theta$ 和 φ 分别为断层破裂

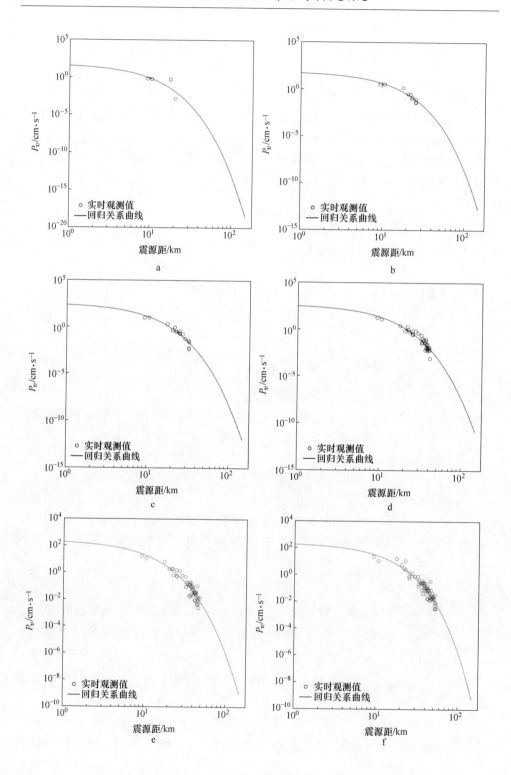

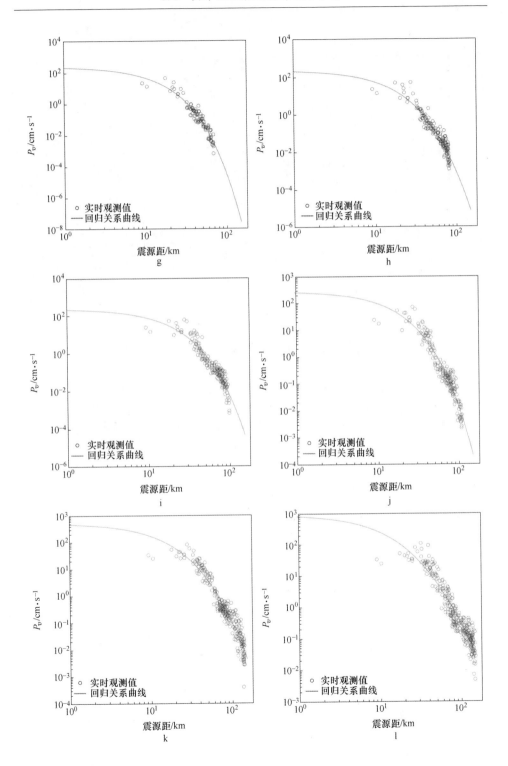

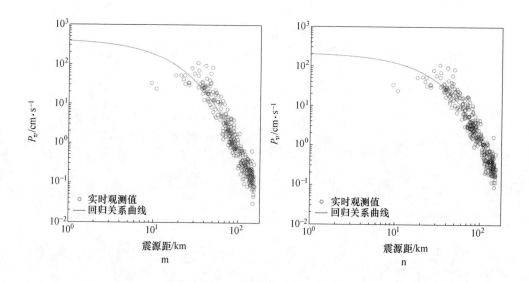

图 3-6　1999 年 9 月 21 日中国台湾集集地震震后某时刻段
地震动参数 P_v 与震源距的关系

a—震后 3s；b—震后 4s；c—震后 5s；d—震后 6s；e—震后 7s；f—震后 8s；
g—震后 10s；h—震后 12s；i—震后 14s；j—震后 16s；k—震后 20s；
l—震后 24s；m—震后 28s；n—震后 32s

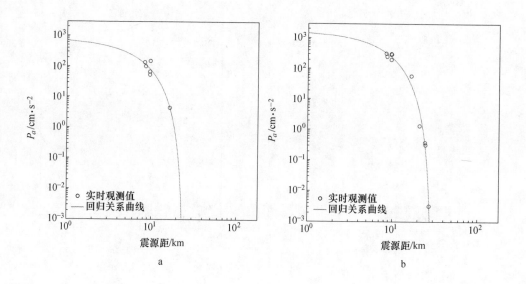

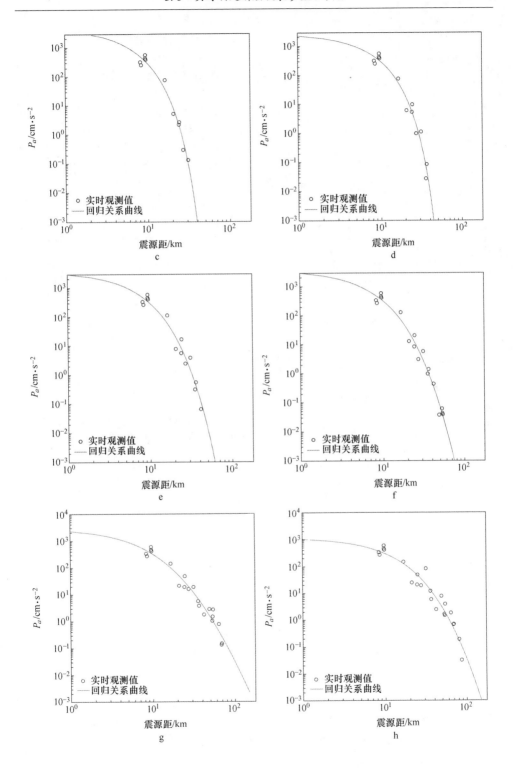

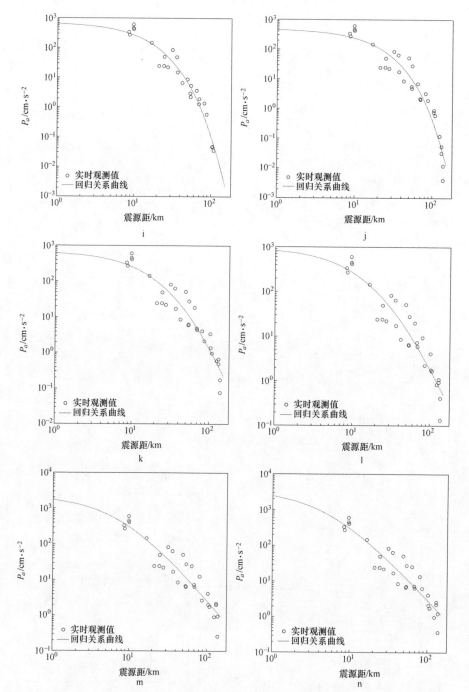

图 3-7　2009 年 4 月 9 日意大利拉奎拉地震震后某时刻段地震动参数 P_a 与震源距的关系

a—震后 3s；b—震后 4s；c—震后 5s；d—震后 6s；e—震后 7s；f—震后 8s；g—震后 11s；
h—震后 13s；i—震后 16s；j—震后 20s；k—震后 24s；l—震后 26s；m—震后 28s；n—震后 32s

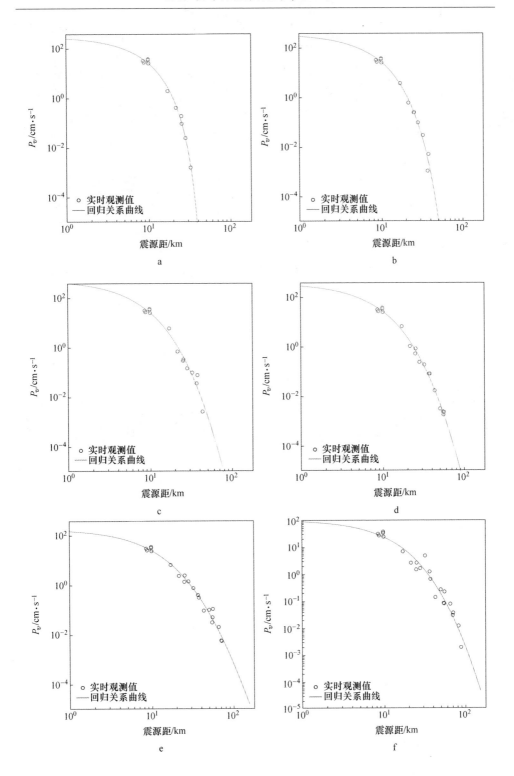

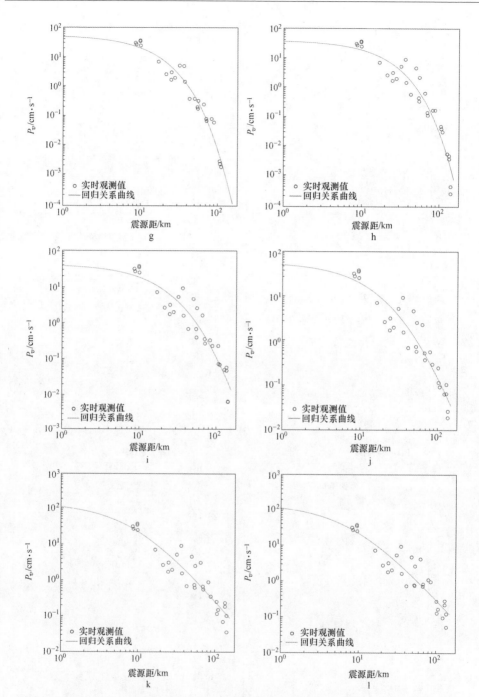

图 3-8　2009 年 4 月 9 日意大利拉奎拉地震震后某时刻段地震动参数 P_v 与震源距的关系

a—震后 5s；b—震后 6s；c—震后 7s；d—震后 8s；e—震后 11s；f—震后 13s；
g—震后 16s；h—震后 20s；i—震后 24s；j—震后 26s；k—震后 28s；l—震后 30s

的方向角和震中到台站的方位角）及初始破裂点相对位置 κ 。各参数的变化区间分别为 $\kappa = 0.5 \sim 1$，变化步长取 0.01；$\varphi = 0° \sim 360°$，变化步长为 $1°$。

3.7 计算流程

台站地震发生后某 t 时刻接收到地震波并记录到地震动数据，对该地震记录进行 P 波捡拾，可得到某时间段内的地震动峰值参数（主要为 P 波段的峰值加速度、速度和位移）的观测值，取两水平方向（东西向和南北向）的几何平均值（式（3-23）），按式（3-22）计算得到地震动峰值加速度、速度和位移实时回归值，同时按式（3-22）满足残差的平方值最小，即可得到一组实时估计的断层破裂参数（θ，κ），与之同时，距离参数 R_{JB} 又是未知参数（θ，κ）的函数，迭代循环多次，最终得到一组断层破裂（θ，κ）的最优解。具体计算流程如图3-9 所示。

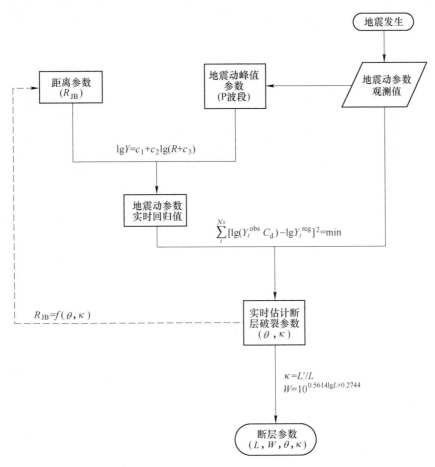

图 3-9　断层破裂主方向及初始破裂点相对位置计算流程

3.8　应用实例

　　分别选用以下 10 次地震（表 3-1）的震中距 150km 以内的加速度记录数据验证本章给出的断层破裂主方向和初始破裂点相对位置的实时确定方法。

表 3-1　本章所用地震信息

序号	地震名称	震中		矩震级 M_W	时间（UTC）	震源深度 /km	断层类型	震源机制解
		纬度	经度					
1	中国四川汶川 8.0 级地震	31.002°N	103.4°E	7.9	2008-05-12 06：28：01.57	14	左旋-逆断层（逆冲为主）	表 3-2
2	中国四川芦山 7.0 级地震	30.308°N	102.888°E	6.7	2013-04-20 00：02：47.54	14	逆断层（逆冲为主）	表 3-4
3	中国四川康定 6.3 级地震	30.34°N	101.737°E	6.1	2014-11-22 08：55：26.58	9.0	走滑断层	表 3-6
4	中国四川康定 5.8 级地震	30.188°N	101.762°E	5.8	2014-11-25 15：19：08.05	9.0	走滑断层	表 3-7
5	意大利拉奎拉 6.3 级地震	42.334°N	13.334°E	6.3	2009-04-06 01：32：39.00	8.8	左旋-正断层（倾滑为主）	表 3-8
6	意大利诺尔恰 6.2 级地震	42.723°N	13.188°E	6.2	2016-08-24 01：36：32.87	4.4	左旋-正断层（正断层为主）	表 3-10
7	意大利诺尔恰 6.6 级地震	42.862°N	13.096°E	6.6	2016-10-30 06：40：18.67	8.0	正断层	表 3-11
8	日本岩手县 6.9 级地震	39.030°N	140.881°E	6.9	2008-06-13 23：43：45.36	7.8	逆冲断层	表 3-12
9	日本长野县南部 5.6 级地震	35.864°N	137.568°E	5.3	2017-06-24 22：02：16.97	10	逆冲断层	表 3-13
10	新西兰凯库拉 7.8 级地震	42.737°S	173.054°E	7.8	2016-11-13 11：02：56.34	15.1	左旋-逆断层（逆冲为主）	表 3-14

在进行本章实例分析前，同样对地震动加速度记录进行如第 2 章所述的震数据处理，并进行 P 波和 S 波捡拾，按照震源距和 P 波波速（$v_P = 4\sqrt{3}\,\text{km/s}$）的理论到时，对台站先后触发进行排序。

3.8.1 实例 1：2008 年 5 月 12 日中国四川汶川 $M_S8.0$ 级地震

2008 年 5 月 12 日 14 时 28 分，在中国四川省汶川县（31.0°N，103.4°E，图 3-10 震中分布图）发生了一次震源深度约 14km、$M_S8.0$（$M_W7.9$）级的特大地震。此次地震的震源机理复杂，断裂方式以逆冲为主，具有少量的右旋走滑分量，Global Centroid-Moment-Tensor（GCMT）Project 给出的此次地震的 CMT 震源机制解（见表 3-2，如图 3-10 中的"海滩球"所示）。图 3-10a 为汶川 $M_W7.9$ 级地震震中及震中距 150km 以内的台站分布图，图中实线为断层带分布图，图 3-10 b~d 为离震中最近（震中距仅为 21.43km）台站获得的三分向加速度时程图。

表 3-2　2008 年 5 月 12 日中国四川汶川 $M_S8.0$ 级地震 CMT 震源机制解

矩震级	断层界面 I/(°)			断层界面 II/(°)		
	走向	倾角	滑动角	走向	倾角	滑动角
$M_W7.9$	231	35	138	357	68	63

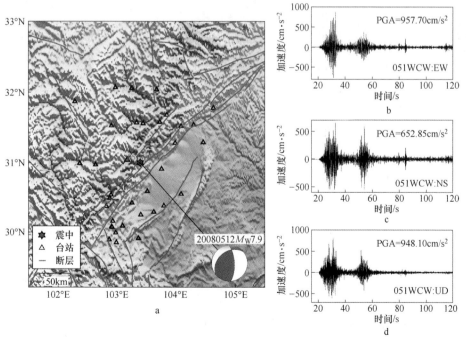

图 3-10　2008 年 5 月 12 日中国四川汶川 $M_S8.0$ 级地震震中和台站位置分布（a）及台站 051WCW 记录到的三分向加速度时程（b~d）

5 月 12 日汶川 M_W7.9 级地震造成超过 10 万平方千米的地区严重破坏，地震波及大半个中国及亚洲多个国家和地区。此次地震造成的经济损失惨重，大量文物损坏，建筑大面积倒塌，是新中国成立以来破坏力最大的地震，也是 1976 年 7 月 28 日唐山 M_W7.5 级大地震后伤亡最严重的一次地震。

本节选用震中距在 150km 以内 35 个台站获取到的共 105 条三分向加速度时程记录，分别用地震发生后某时刻内的峰值加速度、峰值速度和峰值位移（主要为 P 波段的峰值参数 P_a、P_v 和 P_d），按图 3-9 所示计算流程实时确定汶川地震断层破裂主方向及初始破裂点相对位置。部分结果见表 3-3，随时间实时确定值如图 3-11、图 3-13 和图 3-15 所示，其中破裂的主方向是以正北向为起点，顺时针旋转为正。从表 3-3 中参数 κ（初始破裂点相对位置）中的变化可以看出，κ 值接近于 1，即相当于接近于单侧破裂；综合考虑计算得到的破裂方向角 θ，为正北偏东大约 25°，与汶川地震断层在地表的投影面（王卫民，2008）的走向基本接近。

表 3-3　2008 年 5 月 12 日中国四川汶川 M_S8.0 级地震断层破裂主方向和
初始破裂点相对位置实时确定值

时间/s	$\theta/(°)$			κ		
	P_a	P_v	P_d	P_a	P_v	P_d
5	53	298	204	1	0.8	0.9
10	54	24	313	0.9	0.8	0.9
15	24	24	24	0.8	0.8	0.8
20	54	204	313	0.9	0.9	0.9

注：θ 以正北向为正，顺时针旋转。

图 3-11 所示为根据地震发生后某时刻内的峰值加速度实时确定的断层破裂主方向和初始破裂点相对位置随时间的变化。从图 3-11a 中可看出震后前 9s 计算得到的破裂方向角变化幅度比较大，很不稳定，这说明在前 9s 不能确定出断层破裂主方向，同样可从图 3-12a 中清晰看到，震后第 5s 时仅有一个台站触发（图 3-12 中实线圆圈表示 P 波到时圈，虚线圆圈表示 S 波到时圈）；而在震后大概 9s 即可大概确定出一个破裂主方向的稳定值 24°，其与参考值 43°接近，同样可从图3-12b 中第 10s（圈内已有 7 个台站，表明这些台站已经触发，已有地震数据可用于计算）开始能够计算出大概的断层破裂方向，并接近于实际观测值；随着计算时间的持续，计算结果趋于稳定，这与随着时间的增加，可用的地震记录数据也随之增加（如图 3-12c 所示，震后第 15s 时有 20 个台站触发；如图 3-12d 所示，震后第 20s 有 34 个台站触发）是密切相关的，使用数据越多，计算结果也越接近于真实值（图 3-12d）。图 3-11b 所示为初始破裂点相对位置随时间变化

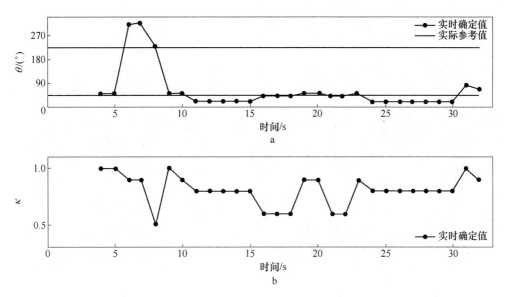

图3-11 2008年5月12日中国四川汶川 M_S8.0级地震基于地震发生后某时刻内的峰值
加速度实时确定的破裂主方向和初始破裂点相对位置随时间的变化
a—破裂主方向随时间的变化；b—初始破裂点相对位置随时间的变化

图，在第23s后该值趋近于1，可认为单侧破裂，与实际情况相符，在第23s之前，该值波动较大，与汶川地震并不是单独的一次破裂而是多次破裂情况相符。

图3-12所示为基于地震发生后某时刻内的峰值加速度实时确定的破裂主方向与断层在地表投影面对比。从图中亦可清晰地看出，随着时间的增加及触发台站的增多，实时计算得到的预测破裂方向与实际断层破裂方向接近。这说明，在地震过程中，地震发生后某时刻内的峰值加速度，一定时间段内可实时确定出断层破裂的大概走向。

图3-13所示为基于地震发生后某时刻内的峰值速度计算得到的破裂主方向和初始破裂点相对位置随时间的变化，其中图3-13a是破裂主方向随时间的变化图，从图中可以看出，随着计算时间的增加，计算结果依然趋于稳定，这与可用地震记录数据随时间增加有关，使用的数据越多，计算结果也越接近于真实值。从图3-13前10s实时确定的破裂主方向波动比较大，说明在前10s不能确定断层破裂主方向，同样可从图3-14a中清晰看到，前5s时仅有一个台站触发（图3-14黑色圆圈表示P波到时圈，灰色圆圈表示S波到时圈）；图3-13中第10s时（图3-14b，圈内已有7个台站，表明这些台站已经触发，并且已有地震数据可用于计算）开始能够计算出大概的断层破裂方向，并接近于实际观测值；图3-13中在第10s后可给出较稳定的断层破裂角。其中，图3-13中第19~24s时确定的破裂主方向在204°左右，与断层破裂主方向24°相差180°，即为次方向，可认为在

一个方向上。图 3-13b 所示为初始破裂点相对位置随时间的变化，在第 10s 后，
该值趋于稳定值 0.8，接近于 1，可认为是单侧破裂，与实际情况接近。

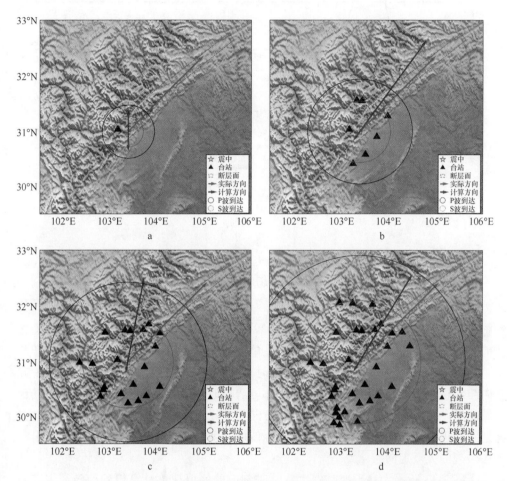

图 3-12　2008 年 5 月 12 日中国四川汶川 M_S8.0 级地震基于地震发生后某时刻内的峰值
加速度实时确定的破裂主方向与断层在地表投影面对比（王卫民 等，2008）

a—T=5s；b—T=10s；c—T=15s；d—T=20s

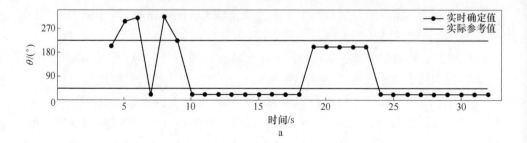

a

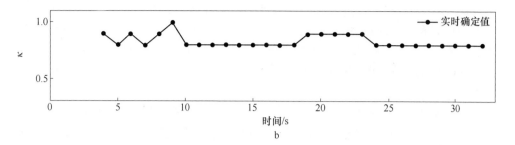

图 3-13 2008 年 5 月 12 日中国四川汶川 M_S8.0 级地震基于地震发生后某时刻内的峰值
速度实时确定的破裂主方向和初始破裂点相对位置随时间的变化

a—破裂主方向随时间的变化；b—初始破裂点相对位置随时间的变化

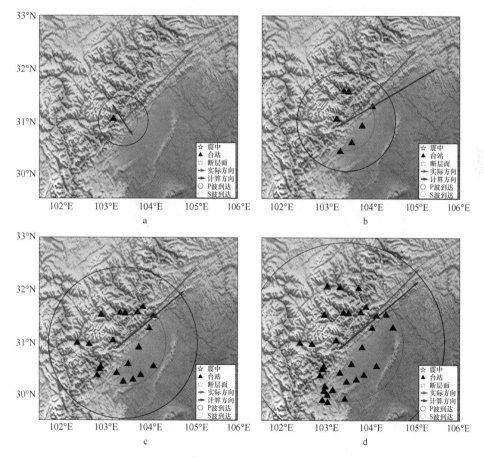

图 3-14 2008 年 5 月 12 日中国四川汶川 M_S8.0 级地震基于地震发生后某时刻内的峰值
速度实时确定的破裂主方向与断层在地表投影面对比（王卫民 等，2008）

a—T=5s；b—T=10s；c—T=15s；d—T=20s

　　图 3-14 所示为根据地震发生后某时刻内的峰值速度实时确定的破裂主方向与参考断层在地表投影面的对比。从图 3-14 中亦可清晰地看出，随着时间的增加、触发台站的增多，实时计算得到的预测破裂方向与实际断层破裂方向接近。这说明，该时间段的峰值速度可在地震过程中实时确定出大概的断层破裂主方向。

　　图 3-15 所示为根据地震后某时间段内峰值位移实时确定的断层破裂主方向及初始破裂点相对位置随时间的变化。从图 3-15a 中可看出，随着计算时间的增加，计算结果波动比较大，在震后 30s 后趋于稳定，但与基于峰值加速度和峰值速度所确定出的破裂主方向相比，有较大波动且不稳定，这与位移记录是由加速度记录经过两次积分得到有关，在积分过程中，可能出现漂移现象，引起更大的误差。图 3-15b 所示为初始破裂点相对位置随时间的变化，该值最终趋近于 1，可认为是单侧破裂，与实际情况相符。

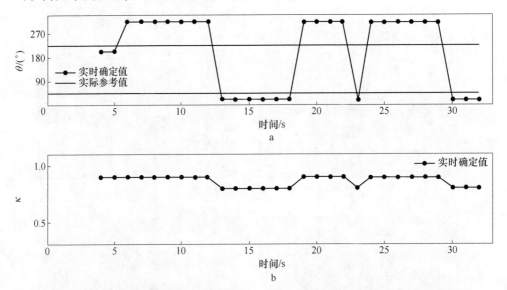

图 3-15　2008 年 5 月 12 日中国四川汶川 M_S8.0 级地震基于地震发生后某时刻内的峰值
位移实时确定的破裂主方向和初始破裂点相对位置随时间的变化
a—破裂主方向随时间的变化；b—初始破裂点相对位置随时间的变化

　　2008 年 5 月 12 日汶川 M_S8.0 级地震由复杂的多次破裂（徐杰等（2010）重点指出汶川地震的发震构造是由沿龙门山断裂带新生的地壳深部断裂构成；徐锡伟等（2008）认为汶川地震中地表破裂带与深部逆断层多种滑动有关）造成了复杂的地表破裂带，形成了不同性质、不同方向的地表破裂带（徐锡伟 等，2008），同时产生了新生的地震断裂（邓起东，2008）。但无论是根据地震发生后某时刻内的峰值加速度还是峰值速度，在一定的时间后均可实时给出破裂的大概主方向和初始破裂点相对位置,而基于地震发生后某时刻内的峰值位移实时确定的破裂主方向精度较低且时间滞后。

3.8.2 实例2:2013年4月20日中国四川芦山M_S7.0级地震

据中国地震台网报道,2013年4月20日,北京时间08:02:46,中国四川省雅安市芦山县发生了M_S7.0(M_W6.7)级强烈地震,震中位于102.888°E,30.308°N(图3-16a),震源深度14.0km。此次地震是四川地区继2008年5月12日汶川M_S8.0(M_W7.9)级特大地震发生后的又一次强烈的破坏性浅源地震。此次地震是一次逆冲型地震事件(震源机制解见表3-4,"海滩球"如图3-16所示,刘杰 等,2013),截至2014年4月26日,共造成196人死亡,21人失踪,1.1万多人受伤,累积造成231余万人受灾。

表3-4 2013年4月20日中国四川芦山M_S7.0级地震震源机制解

矩震级	断层界面Ⅰ/(°)			断层界面Ⅱ/(°)		
	走向	倾角	滑动角	走向	倾角	滑动角
M_W6.7	214	39	100	21	48	-136

在此次地震中,国家数字强震动台网首次获得了大量优质的近场记录,共获得遍布四川、云南、陕西等省的114组三分向记录,其中共有21个位于成都地区的台站获得了63组强震动记录。

图3-16a所示为芦山地震震中及台站分布图,从图中台站(图3-16a中三角形所示)分布可见,震中区域台站分布较密集,距离震中150km以内共有31个台站(图3-16a中三角形所示),保证了此次地震中获得了大量近场强震动记录,为研究分析提供了很好的数据基础。图3-16b~d所示为台站编号为051BXD获取到的三分向(图3-16b、c和d分别为EW向、NS向和UD向)时程记录,该台站距离震中1.8km,获取到的地震动三分向加速度记录峰值分别为1005.33cm/s²(EW向)、-823.50cm/s²(NS向)和478.04cm/s²(EW向),是此次地震中获取到的最大峰值加速度记录,同时也是中国首次记录到的峰值加速度超过1000cm/s²的强震动记录。本节选用距离震中150km以内的强震动加速度时程记录用于芦山M_S7.0级地震实例分析。

依然按图3-9所示计算流程,分别基于此次地震时程记录得到的地震发生后某时刻内的峰值加速度、峰值速度和峰值位移计算此次地震断层破裂主方向及初始破裂点相对位置,如图3-17、图3-19和图3-21所示。表3-5为部分计算结果,其中破裂主方向角以正北向为起点,顺时针旋转为正。从图3-17、图3-19、图3-21和表3-5中参数κ(初始破裂点相对位置)的变化可以看出,κ值接近于0.5,也就是说相当于接近双侧破裂;综合考虑,计算得到的破裂主方向θ,正北偏东大约45°，与王卫民等（2013）在震后基于全波段地震数据反演给出的断层破裂方向35°接近。

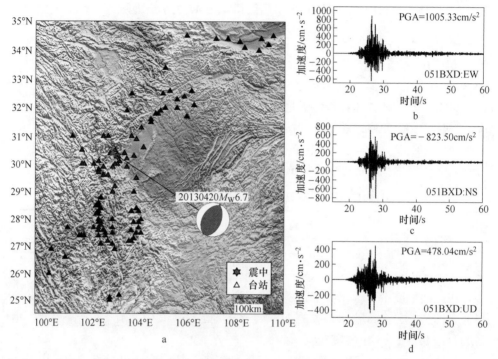

图3-16　2013年4月20日中国四川芦山 M_S7.0级地震震中及台站分布（a）和
051BXD台站记录到的三分向加速度时程（b~d）

表3-5　**2013年4月20日中国四川芦山 M_S7.0级地震断层破裂主方向和
初始破裂点相对位置实时确定值**

时间/s	$\theta/(°)$			κ		
	P_a	P_v	P_d	P_a	P_v	P_d
5	85	120	90	0.9	0.79	0.89
10	48	40	28	0.8	0.59	0.71
15	47	25	25	0.6	0.69	0.69
20	48	28	25	0.6	0.68	0.69

注：θ 以正北向为正，顺时针旋转。

　　图3-17a所示为破裂主方向随时间的变化。从图3-17a中可看出震后前8s计算到的破裂方向角变化幅度比较大，很不稳定，这说明在前8s不能确定出断层破裂主方向，同样这可从图3-18a中清晰看到，震后第5s时仅有5个台站触发；而在震后大概8s左右即可大概确定出一个破裂主方向的稳定值48°，并与参考值

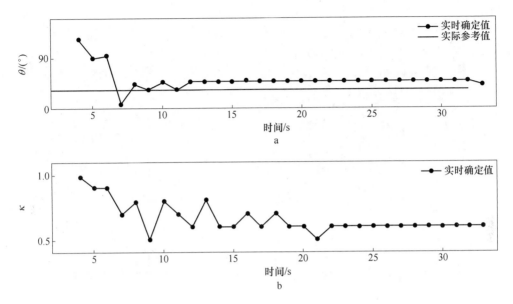

图 3-17　2013 年 4 月 20 日中国四川芦山 M_S7.0 级地震基于地震发生后某时刻内的峰值
加速度实时确定的破裂主方向（a）和初始破裂点相对位置（b）随时间的变化

34°接近。

　　同样可从图 3-18b 中看出第 10s 时（圈内已有 11 个台站，表明这些台站已经
触发，已有地震数据可用于计算）开始能够计算出大概的断层破裂方向，并接近
于实际观测值；随着计算时间的持续，计算结果趋于稳定，这与随着时间的增
加，可用的地震记录数据也随之增加（图 3-18c，震后第 15s 时有 22 个台站触
发；图 3-18d，震后第 20s 有 22 个台站触发）是密切相关的，使用数据越多，计
算结果也越接近于真实值（图 3-18d）。图 3-17b 中可看出在第 21s 后，初始破裂
点相对位置趋于稳定值 0.6，接近于 1，可认为是双侧破裂，与实际情况接近。

　　图 3-18 所示为根据芦山 M_S7.0 级地震发生后某时刻内的峰值加速度实时确
定的破裂主方向与断层在地表投影面的对比。从图中亦可清晰地看出，随着时间
的增加、触发台站的增多，实时计算得到的预测破裂方向与实际断层破裂方向接
近。这说明，在地震过程中，地震发生后某时刻内的峰值加速度，一定时间段内
可实时确定出断层破裂的大概走向。

　　图 3-19a 所示为破裂主方向随时间的变化。从图中可以看出，随着计算时间
的增加，计算结果依然趋于稳定，这与随着时间的增加，可用的地震记录数据也
随之增加密切相关，使用数据越多，计算结果也越接近于真实值。

　　从图 3-19 可以看出，前 12s 计算到的破裂方向角值波动比较大，说明在前
12s 不能确定断层的破裂方向；图 3-19 中第 12s 时（图 3-20b，圈内已有 11 个台
站，表明这些台站已经触发，并且已有地震数据可用于计算），开始能够计算出

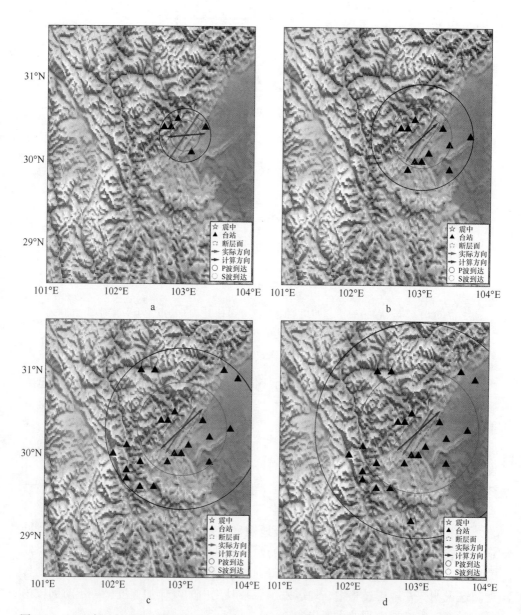

图 3-18　2013 年 4 月 20 日中国四川芦山 M_S7.0 级地震基于地震发生后某时刻内的峰值加速度
实时确定的破裂主方向与断层在地表的投影面对比（王卫民 等，2013）

a—T=5s；b—T=10s；c—T=15s；d—T=20s

大概的断层破裂主方向，并接近于实际观测值；图 3-19 中在第 12s 后，可给出较
稳定的断层破裂主方向。

图 3-19b 所示为初始破裂点相对位置随时间的变化，从图中可看出在第 15s

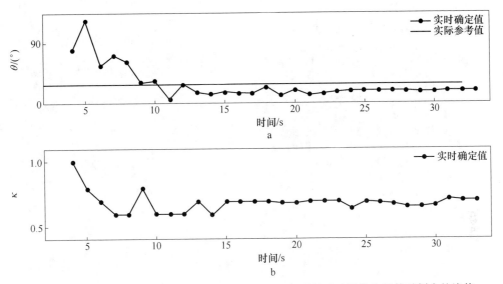

图 3-19 2013 年 4 月 20 日中国四川芦山 M_S7.0 级地震基于地震发生后某时刻内的峰值
速度实时确定的破裂主方向和初始破裂点相对位置随时间的变化

a—破裂主方向随时间的变化；b—初始破裂点相对位置随时间的变化

后趋近于稳定值 0.7，可认为接近于双侧破裂，与实际情况相符。

图 3-20 所示为根据芦山 M_S7.0 级地震发生后某时刻内的峰值速度实时确定的破裂主方向与断层在地表投影面的对比。从图中亦可清晰地看出，随着时间的

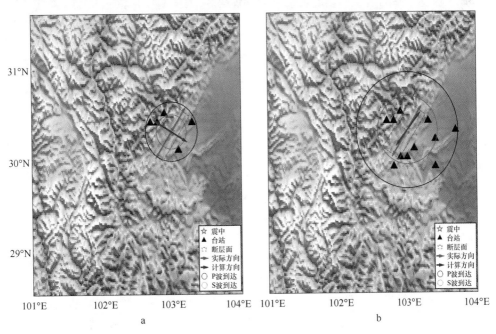

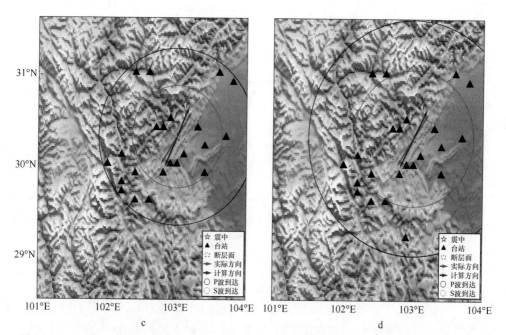

图 3-20　2013 年 4 月 20 日中国四川芦山 M_S7.0 级地震基于地震发生后某时刻内的峰值速度
实时确定的破裂主方向与断层在地表投影面的对比（王卫民 等，2013）
a—T=5s；b—T=10s；c—T=15s；d—T=20s

增加，触发台站的增多，实时计算得到的破裂主方向与实际断层破裂方向接近。这说明，地震发生后某时刻内的峰值速度可在地震过程中，实时计算出断层破裂的大概走向。

图 3-21a 所示为破裂主方向随时间的变化。从图中可以看出，随着计算时间的增加，计算结果依然趋于稳定，并且与基于地震发生后某时刻内的峰值加速度和速度确定出的破裂主方向角相比，更加稳定。

从图 3-21 中第 9s 后（图 3-22c，圈内已有 11 个台站，表明这些台站已经触发，并且已有地震数据可用于计算），开始能够确定出大概的断层破裂主方向，并接近于实际观测值；图 3-21a 中在第 9s 后，认为可给出较稳定的断层破裂主方向。图 3-21b 所示为初始破裂点相对位置随时间的变化，从图中可看出，在第 10s 后，该值趋近于稳定值 0.7，接近于 1，可认为是双侧破裂，与实际值较为相符。

图 3-22 所示为根据芦山 M_S7.0 级地震发生后某时刻内的峰值位移实时确定的破裂主方向与断层在地表投影面的对比。从图 3-22 中亦可清晰地看出，随着时间的增加、触发台站的增多，实时计算得到的预测破裂方向与实际断层破裂方向接近。这说明，该参数在地震过程中可实时确定出断层破裂的大概走向。

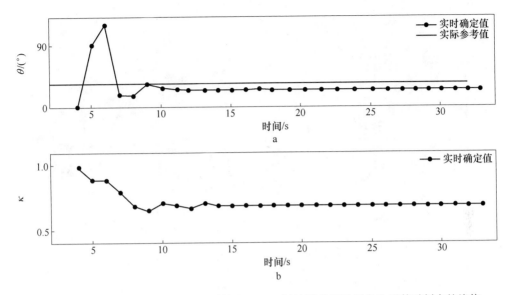

图 3-21 2013 年 4 月 20 日中国四川芦山 M_S7.0 级地震基于地震发生后某时刻内的峰值
位移实时确定的破裂主方向和初始破裂点相对位置随时间的变化
a—破裂主方向随时间变化图；b—初始破裂点相对位置随时间变化图

3.8.3 实例 3：2014 年 11 月 22 日中国四川康定 M_S6.3 级地震

据中国地震台网测定，2014 年 11 月 22 日，北京时间 16 时 55 分，中国四川省甘孜藏族自治州康定县发生了 M_S6.3（M_W6.1）级强烈地震，震中位于塔公乡江甲巴村（30.34°N，101.737°E）（图 3-23a），距离康定县城约 30km，震源深度为 9.0km，此次地震发生于鲜水河断裂带上，GCMT Project 给出的 CMT 震源机制解（表 3-6）表明此次地震为走滑型地震。

地震发生时，康定县城有明显震感，没有发生大面积房屋垮塌，导致康定木雅祖庆小学教学楼主体受损严重，部分围墙倒塌。截至 2014 年 11 月 24 日上午 9 时，此次地震共造成 5 人死亡，55 人受伤，甘孜州康定、雅江、丹巴、泸定、道孚、九龙 6 县 55 个乡（镇）受灾严重，房屋倒塌 23 户，严重损坏 2 千多户，一般损坏 2 万 3 千多户，受灾群众多达 10 万余人。

在此次地震中，国家数字强震动台网获得了大量的优质近场记录，分布于四川省内的 22 个台站共获得 66 条（22 组）三分向记录，这 22 组强震动记录全部在距震中 150km 范围以内（如图 3-23a 三角形所示）。

图 3-23a 所示为四川康定 M_S6.3 级震中及台站分布图，从图中台站（图 3-23a 中三角形所示）分布可见，全部分布于四川省内，均在距离震中 150km 范围以内。图 3-23b~d 所示为距震中最近（震中距 30.65km）的台站编号为 051KDX 获取到的

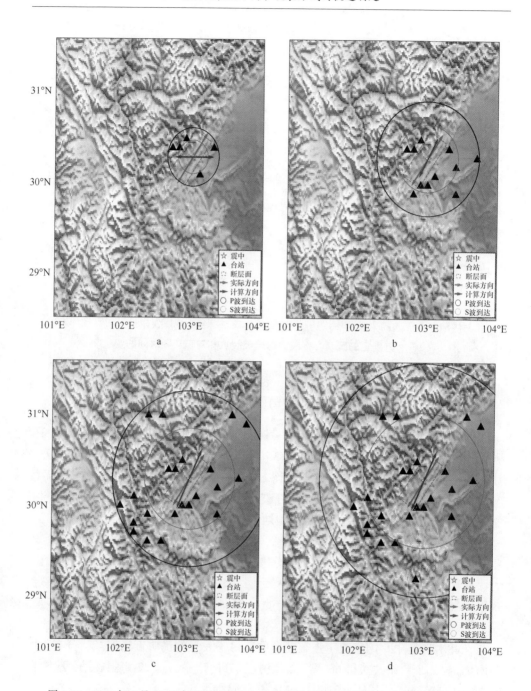

图 3-22　2013 年 4 月 20 日中国四川芦山 M_S7. 0 级地震基于地震发生后某时刻内的峰值
位移实时确定的破裂主方向与断层在地表投影面的对比（王卫民 等，2013）

a—T=5s；b—T=10s；c—T=15s；d—T=20s

三分向（如图 3-23b~d 分别为 EW 向、NS 向和 UD 向）加速度时程记录，峰值加速度分别为 150.87cm/s² （EW 向）、161.75cm/s²（NS 向）和 174.0cm/s²（EW 向），是此次地震中获取到的最大峰值加速度记录。选用距离震中 150km 以内的强震动加速度时程记录，用于本节康定 M_S6.3 级地震实例分析。

表 3-6　2014 年 11 月 22 日中国四川康定 M_S6.3 级地震 CMT 震源机制解

矩震级	断层界面 I /(°)			断层界面 II /(°)		
	走向	倾角	滑动角	走向	倾角	滑动角
M_W6.1	143	85	-1	233	89	-175

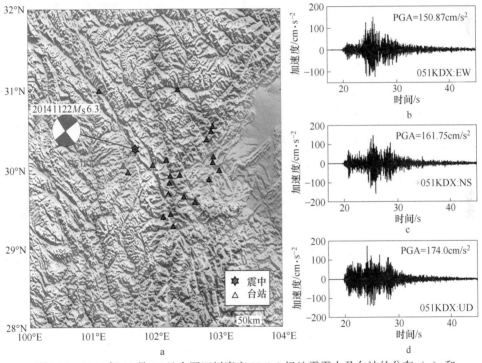

图 3-23　2014 年 11 月 22 日中国四川康定 M_S6.3 级地震震中及台站的分布 （a） 和
051KDX 台站记录到的三分向加速度时程 （b~d）

按图 3-9 所示的计算流程，分别基于此次地震时程记录得到的地震发生后某时刻内的峰值加速度和峰值速度计算此次地震断层破裂主方向及初始破裂点相对位置，如图 3-24 和图 3-26 所示，其中破裂主方向角是以正北向为起点，顺时针旋转为正。

从图 3-24a 和图 3-26a 中可看出，基于峰值加速度和峰值速度实时确定的结果，与王卫民等 （2014） 在震后基于全波段地震数据反演给出的断层破裂方向 45°接近，尤其是在震后第 20s 后，给出的结果趋近于稳定，且接近于参考值。

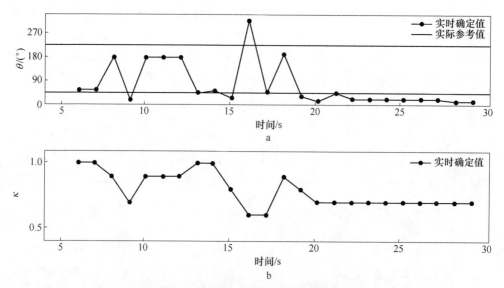

图 3-24　2014 年 11 月 22 日中国四川康定 M_S6.3 级地震基于地震发生后某时刻内的
峰值加速度实时确定的破裂主方向和初始破裂点相对位置随时间的变化
a—破裂主方向随时间的变化；b—初始破裂点相对位置随时间的变化

这说明，基于此次地震时程记录得到的地震发生后某时刻内的峰值加速度和峰值速度均可在地震过程中实时确定出断层破裂的大概走向。

图 3-24a 中前 20s 确定值波动较大，说明前 20s 时，不能给出一个较稳定的破裂主方向，这与可用的触发台站记录到的地震动数据有关，如震后第 6s，仅有 3 个台站触发（图 3-25a）；震后第 8s，仅有 4 个台站触发（图 3-25b）；震后第 15s，有 10 个台站触发（图 3-25c），此时确定的断层破裂主方向为 43°，与参考值接近。这也说明，随着可用台站和地震动数据的增多，实时确定的断层破裂方向也接近于参考值。

图 3-24b 和图 3-26b 所示分别为基于此次地震时程记录得到的地震发生后某时刻内的峰值加速度和峰值速度确定的初始破裂点相对位置，从图中可看出，在第 20s 后，初始破裂点相对位置为 0.7 和 0.9，基本可确定此次地震为单侧破裂。

图 3-25 所示为康定 M_S6.3 级地震发生后某时刻内的峰值加速度分布图及断层破裂主方向示意图。从图中也可看出随着计算时间的增长，触发台站变多，可用数据增多，实时确定的断层破裂主方向也越接近于实际观测值。

3.8.4　实例 4：2014 年 11 月 25 日中国四川康定 M_S5.8 级地震

据国家地震台网测定，2014 年 11 月 25 日 23 时 19 分（北京时间），四川省

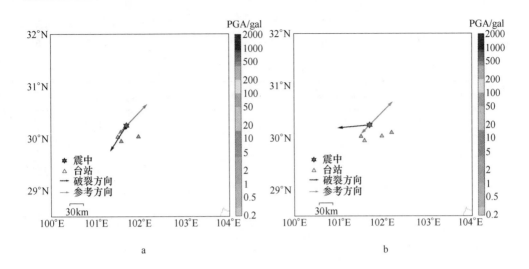

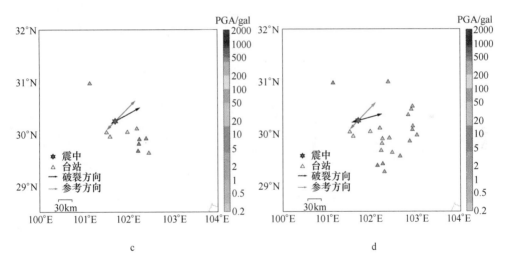

图 3-25 2014 年 11 月 22 日中国四川康定 M_S6.3 级地震基于地震发生后某时刻内的水平向
峰值加速度几何平均值分布图及断层破裂主方向示意图（王卫民 等，2014）

a—t_{after} = 6s；b—t_{after} = 8s；c—t_{after} = 15s；d—t_{after} = 29s

甘孜藏族自治州康定县（30.188°N，101.762°E，如图 3-27a 所示）再次发生了
M_S5.8 级地震，震源深度约 9km，这是继 11 月 22 日康定发生 M_S6.3 级地震后，
康定遭遇的又一次强余地震，此次地震同样发生于鲜水河断裂带上，GCMT
Project 给出的 CMT 震源机制解（表 3-7）表明此次地震同样为走滑型地震。地震
过程中，康定县城震感强烈，成都、眉山等多地均有震感，但幸运的是此次地震
未造成人员死亡，仅部分房屋倒塌。

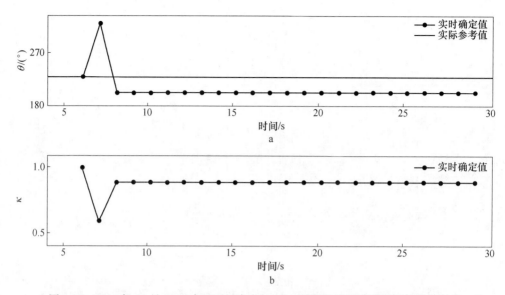

图 3-26   2014 年 11 月 22 日中国四川康定 M_S6. 3 级地震基于地震发生后某时刻内
的峰值速度实时确定的破裂主方向和初始破裂点相对位置随时间的变化
a—破裂主方向随时间的变化；b—初始破裂点相对位置随时间的变化

表 3-7   2014 年 11 月 25 日中国四川康定 M_S5. 8 级地震 CMT 震源机制解

矩震级	断层界面 I /(°)			断层界面 II /(°)		
	走向	倾角	滑动角	走向	倾角	滑动角
M_W5. 8	238	89	179	328	89	1

在此次地震中，国家数字强震动台网获得了大量的优质近场记录，分布于四川省内的 34 个台站（如图 3-27a 中黑色三角形所示）共获得 68 条（34 组）三分向记录，其中有 26 组强震动记录在距震中 150km 范围以内（如图 3-27a 中三角形所示）。图 3-27b~d 所示为距震中最近（震中距 6.3km）的台站编号为051JBC 获取到的三分向（如图 3-27b~d 分别为 EW 向、NS 向和 UD 向）加速度时程记录，三分向峰值加速度分别为 348. 11cm/s² （EW 向）、536. 45cm/s² （NS向）和 245. 7cm/s² （EW 向），是此次地震中获取到的最大峰值加速度记录。本节选用距离震中 150km 以内的强震动加速度时程记录用于康定 M_S5. 8 级地震实例分析。

按图 3-9 所示的计算流程，分别基于康定 M_S5. 8 级地震记录得到的地震发生后某时刻内的峰值加速度和峰值速度，计算此次地震断层破裂主方向及初始破裂点相对位置，如图 3-28 和图 3-29 所示，其中破裂主方向角是以正北向为起点，顺时针旋转为正。从图 3-28a 和图 3-29a 中可看出，基于峰值加速度和峰值速度实时确定的结果，与王卫民等（2014）在震后基于全波段地震数据反演给出的断

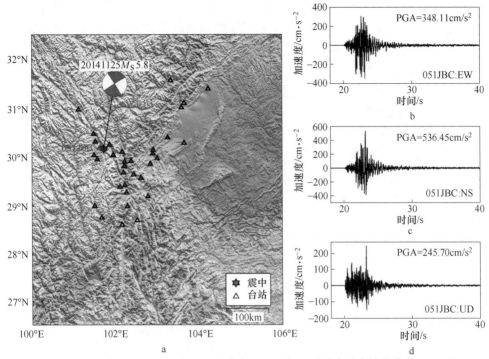

图 3-27 2014 年 11 月 25 日中国四川康定 M_S5.8 级地震震中及台站的分布（a）和

051JBC 台站记录到的三分向加速度时程（b~d）

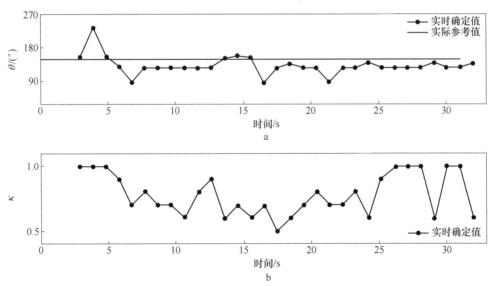

图 3-28 2014 年 11 月 25 日中国四川康定 M_S5.8 级地震基于地震发生后某时刻内

的峰值加速度实时确定的破裂主方向和初始破裂点相对位置随时间的变化

a—破裂主方向随时间的变化；b—初始破裂点相对位置随时间的变化

层破裂方向 150°接近，尤其是在震后第 25s 后，给出的结果趋近于稳定，且接近于参考值。这说明，基于此次地震时程记录得到的地震发生后某时刻内的峰值加速度和峰值速度，均可在地震过程中，实时确定出断层破裂的大概走向。图 3-28a 中前 7s 确定值波动较大，说明前 7s 时不能给出一个较稳定的破裂主方向，这与可用的触发台站记录到的地震动数据有关，如震后第 5s，仅有 6 个台站触发（图 3-30a）；震后第 8s，仅有 8 个台站触发（图 3-30b）；震后第 15 秒，有 15 个台站触发（图 3-30c），此时确定的断层破裂主方向为 160°，与参考值接近。这也说明，随着可用台站和地震动数据的增多，实时确定的断层破裂方向也接近于参考值。图 3-28b 和图 3-29b 所示分别为基于此次地震时程记录得到的地震发生后某时刻内的峰值加速度和峰值速度确定的初始破裂点相对位置，从图中可看出，基于峰值加速度所确定的初始破裂点相对位置波动整体较基于峰值速度确定的初始破裂点相对位置大，但整体初始破裂点相对位置趋近于 1，基本可认为此次地震为单侧破裂。对比图 3-28 和图 3-29 中，基于峰值速度确定的此次地震的破裂主方向和初始破裂点相对位置要优于基于峰值加速度确定的值。

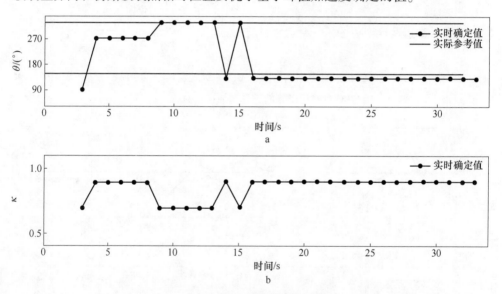

图 3-29　2014 年 11 月 25 日中国四川康定 M_S5.8 级地震基于地震发生后某时刻内
的峰值速度实时确定的破裂主方向和初始破裂点相对位置随时间的变化
a—破裂主方向随时间的变化；b—初始破裂点相对位置随时间的变化

图 3-30 所示为康定 M_S5.8 级地震发生后某时刻内的水平向峰值加速度几何平均值等值线云图及断层破裂主方向示意图。从图 3-30 中也可看出随着计算时间的增长，触发台站变多，可用数据增多，实时确定的断层破裂主方向也更接近于实际观测值，并与加速度几何平均值等值线整体走向大概一致。

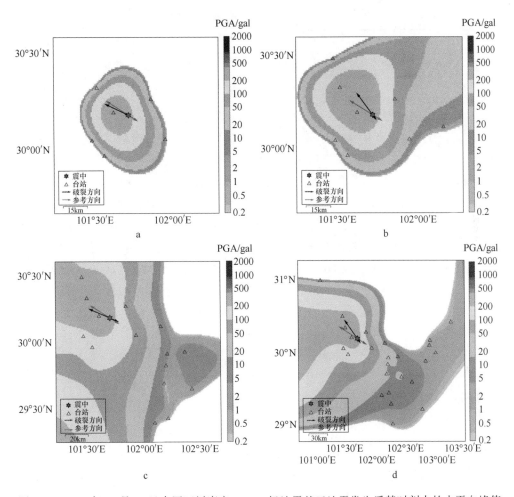

图 3-30 2014 年 11 月 25 日中国四川康定 M_S5.8 级地震基于地震发生后某时刻内的水平向峰值
加速度几何平均值等值线云图及断层破裂主方向示意图（王卫民 等，2014）

a—t_{after} = 5s；b—t_{after} = 8s；c—t_{after} = 15s；d—t_{after} = 32s

3.8.5 实例 5：2009 年 4 月 6 日意大利拉奎拉 M_W6.3 级地震

2009 年 4 月 6 日当地时间凌晨 3 时 32 分 41 秒（01：32：39 UTC，北京时间 09：32：41），意大利中部阿布鲁佐地区（Abruzzo Region）首府拉奎拉（L'Aquila）市附近发生一次中强破坏性地震，矩震级 M_W6.3，震中（42.334°N，13.334°E，如图 3-31a 所示）距罗马市东北约 85km，震源深度 8.8km，GCMT Project 给出的 CMT 震源机制解见表 3-8。此次地震造成了 308 人死亡，1500 人受伤（Alexander，2010），多处房屋倒塌甚至严重损毁，导致数万人无家可归，很多历史性建筑遭到破坏。由于地震破坏严重，此次地震在意大利及国际上备受关注。

表 3-8　2009 年 4 月 6 日意大利拉奎拉 M_W6.3 级地震 CMT 震源机制解

矩震级	断层界面 I /(°)			断层界面 II /(°)		
	走向	倾角	滑动角	走向	倾角	滑动角
M_W6.3	336	42	−62	120	54	−113

在此次 M_W 级地震过程中，由意大利国家应急管理局（DPC）运行维护的永久监测系统——意大利强震台网，也称国家加速度计网络（RAN），有 58 个强震动台站（如图 3-31a 中三角形所示）在此次主震中获取到了大量的强震动记录，尤其是震中区域台站分布较密集，距震中 150km 以内共计 31 个台站（如图 3-31a 中三角形所示），其中有 19 个台站分布于断层在地表投影面 50km 范围以内，保证了此次地震中获得大量近场强震动记录，为研究分析提供了很好的数据基础，丰富了意大利在近源区获得的强震数据。图 3-31b~d 所示为台站编号为 IT. AQK 获取到的三分向（如图 3-31b~d 所示分别为 EW 向、NS 向和 UD 向）加速度时程，该台站是距离震中（1.81km）最近的台站，同时也是此次地震中获取到的最大峰值加速度记录的台站，该台站获取到的地震动三分向峰值加速度分别为 323.82cm/s²（EW 向）、353.42cm/s²（NS 向）和 366.28cm/s²（EW 向）。本节

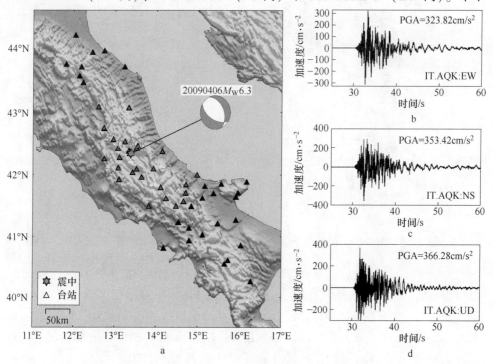

图 3-31　2009 年 4 月 6 日意大利拉奎拉 M_W6.3 级地震震中及台站分布（a）和
IT. AQK 台站记录到的三分向加速度时程（b~d）

选用距离震中 150km 以内的强震动加速度时程记录用于意大利拉奎拉 M_W 级地震实例分析。

按图 3-9 所示的计算流程，分别基于此次地震时程记录得到的地震发生后某时刻内的峰值加速度和峰值速度计算此次地震断层破裂主方向及初始破裂点相对位置，如图 3-32 所示，表 3-9 给出部分计算结果，其中破裂主方向角是以正北向为起点，顺时针旋转为正。从图中可看出参数 κ（初始破裂点相对位置）随时间的变化，κ 值在震后第 19s 后接近于 0.5，也就是说相当于接近双侧破裂，而在震后 19s 前，该值接近于 1，接近于单侧破裂；综合考虑计算得到的破裂方向角 θ 在正北偏东大约 165°，与 Akinci 等（2010）给出的拉奎拉地震地表破裂分布走向基本相同。

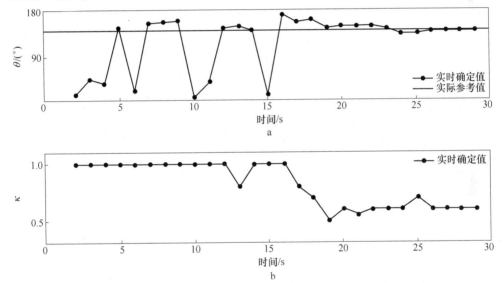

图 3-32　2009 年 4 月 6 日意大利拉奎拉 M_W6.3 级地震基于地震发生后某时刻内的
峰值加速度实时确定的破裂主方向和初始破裂点相对位置随时间的变化
a—破裂主方向随时间的变化；b—初始破裂点相对位置随时间的变化

从图 3-32a 中可看出，随着计算时间的增加，计算结果趋于稳定，这与随着时间的增加可用的地震记录数据也随之增加密切相关，使用数据越多，计算结果也越接近于真实值。

从图 3-32a 可以看出前 16s 计算到的破裂方向角波动较大，说明在前 16s 不能确定断层的破裂方向；第 16s 后，可以计算出较稳定的值 165°左右，可认为大概是断层破裂主方向，并接近于实际观测值。

图 3-32b 中前 19s 确定的初始破裂点相对位置接近于 1，可认为此次地震起始破裂为单侧破裂，在第 19s 之后，初始破裂点相对位置接近于 0.5，可认为最终断裂模式为双侧破裂，与实际观测值相符。

表 3-9　2009 年 4 月 6 日意大利拉奎拉 M_W6.3 级地震断层破裂主方向和
初始破裂点相对位置实时确定值

时间/s	$\theta/(°)$	κ
5	147	1
10	14	1
15	20	1
20	148	0.8

注：θ 以正北向为正，顺时针旋转。

图 3-33 所示为 2009 年 4 月 6 日意大利拉奎拉 M_W6.3 级地震发生后某时刻内

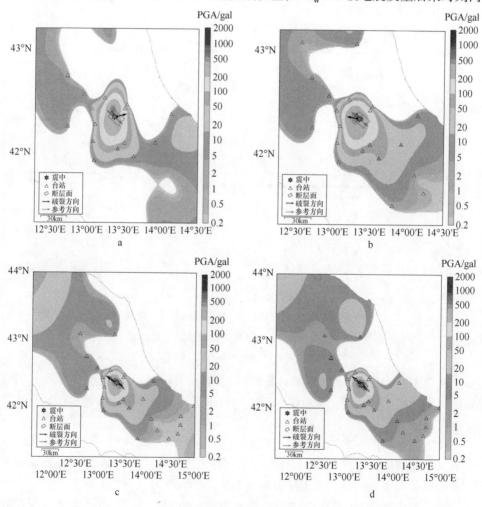

图 3-33　2009 年 4 月 6 日意大利拉奎拉 M_W6.3 级地震基于地震发生后某时刻内的水平向峰值
加速度几何平均值等值线云图及断层破裂主方向示意图（Akinci et al, 2010）

a—t_{after} = 10s；b—t_{after} = 16s；c—t_{after} = 20s；d—t_{after} = 29s

的水平向峰值加速度几何平均值等值线云图及断层破裂主方向示意图。从图中可以清晰地看出，随着观测（计算）时间的持续增加，触发台站增大，可使用的地震动数据增加，所确定的断层破裂主方向也更加接近于实际观测值，并且与加速度几何平均值的等值线整体走向相符。

图 3-34 所示为基于拉奎拉 M_W6.3 级地震发生后某时刻内的峰值速度实时确定的破裂主方向和初始破裂点相对位置随时间的变化。从图 3-34a 可以看出前 15s 计算到的破裂方向角波动较大，说明在前 15s 不能确定断层的破裂方向；第 16s 后，可以计算出较稳定的值 135°左右，可认为大概是断层破裂主方向，并接近于实际观测值。图 3-34b 中前 15s 确定的初始破裂点相对位置接近于 1，可认为此次地震起始破裂为单侧破裂；在第 15s 之后，初始破裂点相对位置接近于 0.5，可认为最终断裂模式为双侧破裂，与实际观测值相符。

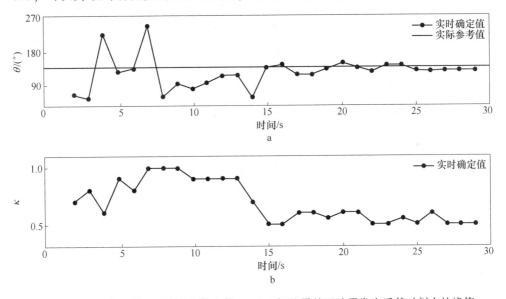

图 3-34　2009 年 4 月 6 日意大利拉奎拉 M_W6.3 级地震基于地震发生后某时刻内的峰值速度实时确定的破裂主方向和初始破裂点相对位置随时间的变化
a—破裂主方向随时间的变化；b—初始破裂点相对位置随时间的变化

图 3-35 所示为拉奎拉 M_W6.3 级地震发生后某时刻内的水平向峰值加速度几何平均值等值线云图及断层破裂主方向示意图。图 3-35a 所示为震后第 5s，此时有 9 个台站触发；图 3-35b 为震后第 10s，此时有 18 个台站触发。从图中也可清晰地看出，随着观测（计算）时间的持续增加，触发台站增大，可使用的地震动数据增加，所确定的断层破裂主方向也更加接近于实际观测值，并且与加速度几何平均值的等值线分布整体走向相符。尽管确定的断层破裂主方向与实际走向有一定的差别，但至少能够给出断层破裂的大概走向。

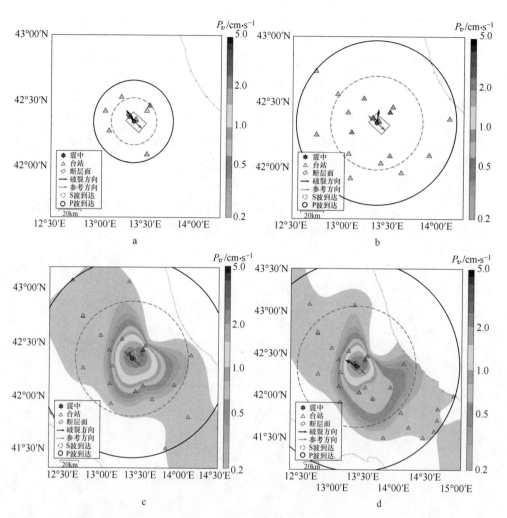

图 3-35　2009 年 4 月 6 日意大利拉奎拉 M_W6.3 级地震基于地震发生后某时刻内的水平向峰值
速度几何平均值等值线云图及断层破裂主方向示意图（Akinci et al，2010）

a—t_{after} = 5s；b—t_{after} = 10s；c—t_{after} = 15s；d—t_{after} = 20s

3.8.6　实例 6：2016 年 8 月 24 日意大利诺尔恰 M_W6.2 级地震

2016 年 8 月 24 日 1 时 36 分 32.87 秒（UTC），意大利中部拉齐奥大区（Lazio）阿库莫利市（Accumoli）地区发生 M_W6.2 级浅源破坏性地震，震源深度约 4.4km（USGS）。震中（北纬 42.723°，东经 13.188°，如图 3-36a 中六角星所示）距诺尔恰市（Norcia）西南约 6km，距离首都罗马（Roma）约 113km。

此次地震造成了大量的人员伤亡和建（构）筑物破坏，截至 8 月 27 日已造成了 284 人死亡、数百人受伤，罗马市震感强烈，部分建筑物在地震时晃动持续了大约 20s。随后的 24 小时内又发生了多次余震，最大余震震级达 5.5 级，导致本已严重受灾的列蒂省更多建筑坍塌，损失严重。

意大利地球物理和火山学研究所（INGV）分析此次地震是由一条沿着北西—南东向破裂的正断层引起，USGS 在地震后给出了此次断层破裂在地表的投影面，如图 3-36a 中方框范围所示，GCMT Project 给出此时地震的 CMT 震源机制解，见表 3-10 和图 3-36a 中"海滩球"。

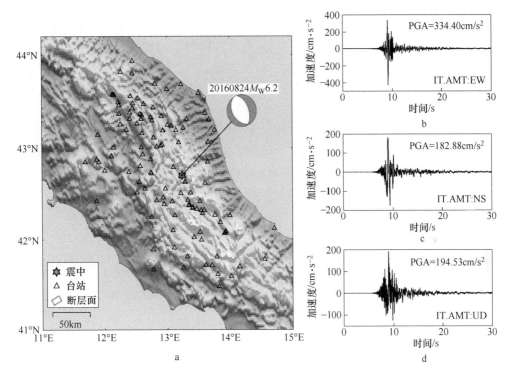

图 3-36　2016 年 8 月 24 日意大利诺尔恰 M_W6.2 级地震震中及台站分布（a）和
IT. AMT 台站记录到的三分向加速度时程（b~d）

表 3-10　**2016 年 8 月 24 日意大利诺尔恰 M_W6.2 级地震 CMT 震源机制解**

矩震级	断层界面 I/(°)			断层界面 II/(°)		
	走向	倾角	滑动角	走向	倾角	滑动角
M_W6.2	145	38	−101	339	52	−82

本章选取从工程强震动数据库（Engineering Strong Motion database，ESM）（http：//esm. mi. ingv. it）中得到的此次地震加速度记录，根据震中距在 150km 以内的条件筛选数据，共计 113 个台站（台站分布如图 3-36a 中三角形所示）的三分向加速度时程，其中位于诺尔恰市附近的台站编号为 IT. AMT（台站位置如

图 3-36a 所示及三分向加速度时程如图 3-36b~d 所示）记录到了此次地震最大峰值加速度（东西向为 334.40cm/s²，南北向为 182.88cm/s²，竖直向为 194.53cm/s²），同时该台站也是离震中最近的台站，仅 8.9km。

　　按图 3-9 所示的计算流程，基于此次地震时程记录得到的地震发生后某时刻内的峰值加速度计算此次地震断层破裂主方向（图 3-37a）及初始破裂点相对位置随时间变化图（图 3-37b），其中破裂主方向角是以正北向为起点，顺时针旋转为正。

　　从图 3-37a 中可看出，随着计算时间的增加，实时确定的破裂主方向角在第 15s 后趋于稳定，但前 15s 计算得到的破裂主方向角波动较大，说明在前 15s 不能确定出断层的破裂方向（图 3-38a、b）；第 15s 后，可以给出较稳定的值 120°左右（图 3-38c），可认为大概是断层破裂主方向，并与图 3-38c 中的断层破裂面的走向接近。

　　图 3-37b 中前 24s 确定的初始破裂点相对位置波动较大，不能辨别出是单侧破裂还是双侧破裂，但在第 25s 后，初始破裂点相对位置趋近于 0.5，可认为最终断裂模式为双侧破裂，与图 3-38d 中的断层面（USGS，2016）的走向及震中在断层面的位置相比，接近于实际情况。

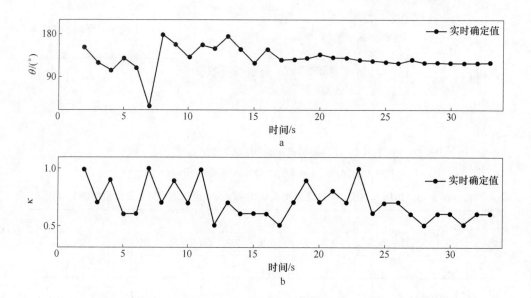

图 3-37　2016 年 8 月 24 日意大利诺尔恰 M_W6.2 级地震基于地震发生后某时刻内的
峰值加速度实时确定的破裂主方向和初始破裂点相对位置随时间的变化
a—破裂主方向随时间的变化；b—初始破裂点相对位置随时间的变化

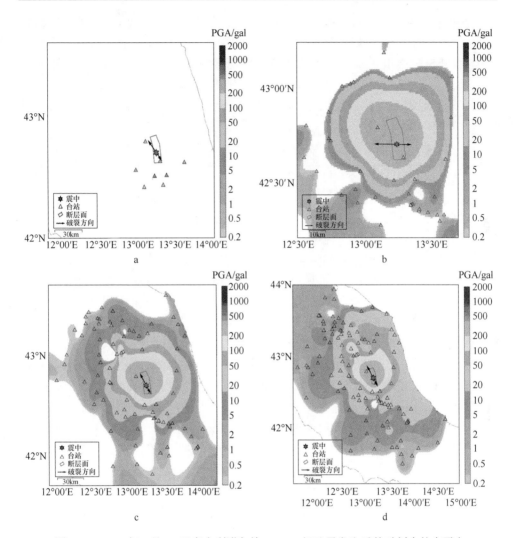

图 3-38 2016 年 8 月 24 日意大利诺尔恰 M_W6.2 级地震发生后某时刻内的水平向

峰值加速度几何平均值等值线云图及断层破裂主方向示意图

a—$t_{after}=5s$；b—$t_{after}=8s$；c—$t_{after}=15s$；d—$t_{after}=32s$

3.8.7 实例 7：2016 年 10 月 30 日意大利诺尔恰 M_W6.6 级地震

自 2016 年 8 月 24 日意大利中部诺尔恰发生 M_W6.2 级地震之后，据 USGS 报道，截止到 2016 年 10 月 30 日 19 时（UTC），该地区已经发生了 57 次 M4.0 级以上地震，包括 8 月 24 日地震后 1h（2016 年 8 月 24 日，2:33:29（UTC））发生的 M5.6 级余震，及 10 月 26 日 17:10 发生的 M5.5 级余震及 19:18 发生的 M6.1 级余震，这些余震的震源深度范围为 2.5～11.7km；其次是 10 月 30 日

6：40：18.67（UTC）发生的 M_W6.6 级地震（震中位于 42.862°N，13.096°E，震源深度 8.0km），此次地震是近年来意大利中南部发生的震级最大的地震。地震发生后，USGS（2016）确定了此次地震的震源机制解，见表 3-11（根据 USGS 公布结果，如图 3-39a 中的"海滩球"所示）。此次地震表现出震级较大（M_W6.6）和属于浅源地震（震源深度为 8.0km）的主要特征。界面Ⅰ为此次地震的破裂面，为东南向至西北向（NW-SE）走向的正断层。

表 3-11　2016 年 10 月 30 日意大利诺尔恰 M_W6.6 级地震震源机制解

矩震级	断层界面Ⅰ/(°)			断层界面Ⅱ/(°)		
	走向	倾角	滑动角	走向	倾角	滑动角
M_W6.6	154	37	−96	342	53	−85

意大利强震台网在此次地震中记录到了较为完整的、高质量的三分向强震动记录，尤其是近场地震记录颇为丰富（震中150km 范围内共计 139 个台站，台站如图 3-39a 三角形所示分布），其中距震中仅 4.56km 的台站 IT. NRC 获得到了此次地震最大幅值记录，南北向加速度峰值为 476.43cm/s²，东西向为 365.05cm/s²，竖直向为 367.53cm/s²。本章选取震中距在 150km 范围以内的 139 个台站获取到的加速度记录，经传统数据处理（如第 2 章节所述），并计算水平向加速度几何平均值。按图 3-9 所示的计算流程，基于此次地震时程记录得到的地震发生后某时刻内的峰值加速度计算此次地震断层破裂主方向（图 3-40a）及初始破裂点相对位置（图 3-40b），其中破裂主方向角以正北向为起点，顺时针旋转为正。

从图 3-40a 中可看出，随着计算时间的增加，实时确定的破裂主方向角在第11s 后趋于稳定，但前 11s 计算得到的破裂主方向角波动较大，说明在前 11s 不能确定出断层的破裂方向（图 3-41a）；第 11s 后，可以给出较稳定的值155°左右（图 3-41b、c 和 d），可认为大概是断层破裂主方向，并与图 3-41b、c 和 d 中的水平向峰值加速度几何平均值等值线云图的走向接近。

研究表明，当一次地震发生以后，较高幅值的加速度通常只能在离破裂非常近的地方观测到，也就是说，位于断层投影面附近一定距离范围内的地震动峰值要远大于中远场地震动峰值（Cua，Heaton，2007；Bose et al，2012）。利用地震动分布的这一特征，可以使用简单的高频（加速度）阈值进行区分远、近场分类，可大概认为近场处的地震动分布为断层的范围。于是可以看出图 3-41b、c 和 d 中实时确定的破裂的主方向大概与水平向峰值加速度几何平均值等值线云图的走向接近。

图 3-40b 中前 10s 确定的初始破裂点相对位置波动较大，不能辨别出是单侧破裂还是双侧破裂，但在第 10s 后，初始破裂点相对位置接近于 0.5，可认为最终断裂模式为双侧破裂，与图 3-40b 中的水平向峰值加速度几何平均值等值线云图分布接近。

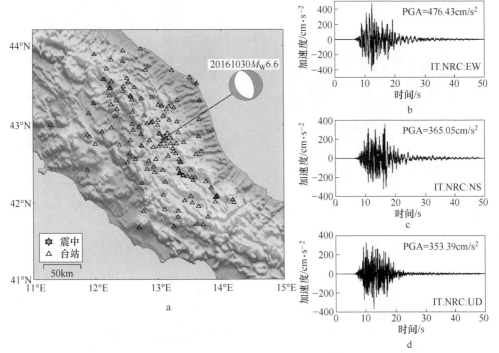

图 3-39　2016 年 10 月 30 日意大利诺尔恰 M_W6.6 级地震震中及台站分布 (a) 和
IT. NRC 台站记录到的三分向加速度时程 (b~d)

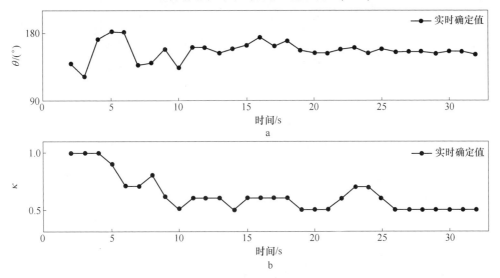

图 3-40　2016 年 10 月 30 日意大利诺尔恰 M_W6.6 级地震基于地震发生后某时刻内的
峰值加速度实时确定的破裂主方向和初始破裂点相对位置随时间的变化
a—破裂主方向随时间变化；b—初始破裂点相对位置随时间的变化

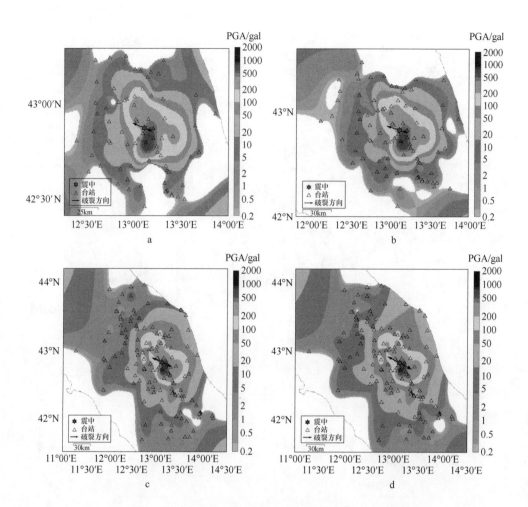

图 3-41　2016 年 10 月 30 日意大利诺尔恰 $M_W 6.6$ 级地震发生后某时刻内的水平向

峰值加速度几何平均值等值线云图及断层破裂主方向示意图

a—$t_{after} = 9s$；b—$t_{after} = 11s$；c—$t_{after} = 26s$；d—$t_{after} = 32s$

3.8.8　实例 8：2008 年 6 月 14 日日本岩手县 $M_L 7.2$ 级地震

2008 年 6 月 14 日上午 8 点 43 分（当地时间），日本东北部的本州岛南部岩手县（39.03°N，140.881°E，震中如图 3-42 所示）发生了 $M_L 7.2$（$M_W 6.9$）级地震，震源深度约为 7.8km，此次地震是太平洋板块与亚欧板块碰撞引起的，GCMT Project 给出的 CMT 震源机制解见表 3-12。岩手、宫城、福岛等县共有 10 人受伤，260 多人受伤，多条道路塌陷，部分桥梁坍塌和房屋倒塌。

表 3-12　2008 年 6 月 14 日日本岩手县 M_L7.2 级地震 CMT 震源机制解

矩震级	断层界面 I/(°)			断层界面 II/(°)		
	走向	倾角	滑动角	走向	倾角	滑动角
M_W6.9	17	42	87	201	48	92

　　本节选择 $R_{epi} \le 150km$ 以内的 146 个台站（其中，K-NET 有 81 个，如图 3-42 中三角形所示；Kik-net 有 65 个，如图 3-42 中方形所示）的加速度数据作为实例分析，其中 Kik-net 的编号为 IWTH25 的台站（如图 3-42 中方框所示台站）距震中仅 2.53km，记录到的三分向加速度时程如图 3-42a 所示，同时该台站也是此次地震中记录到的最大加速度记录的台站，东西向峰值加速度为 640.37cm/s^2，南北向峰值加速度 747.92cm/s^2 和竖直向峰值加速度 1036.19cm/s^2；而 K-NET 距震中最近（R_{epi} = 19.25km）的台站 AKT023 记录到的三分向加速度峰值分别为东西向 280.23cm/s^2，南北向 357.16cm/s^2 和竖直向 232.90cm/s^2。图 3-42 中方框为 JMA 给出的此次地震的断层面在地表垂直投影面。

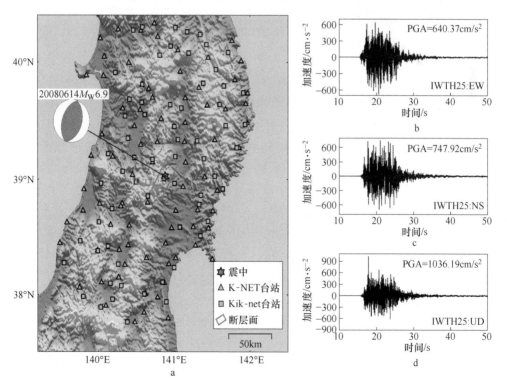

图 3-42　2008 年 6 月 14 日日本岩手县 M_L7.2 级地震震中及台站分布图（a）和 NGN018 台站记录到的三分向加速度时程（b~d）

对所选择地震动加速度数据进行如第 2 章中所述的基线校正、滤波等基本处理,并进行 P 波和 S 波捡拾,按照震源距和 P 波波速($v_p = 4\sqrt{3}\,\mathrm{km/s}$)的理论到时,对台站先后触发进行排序,如图 3-43 所示。

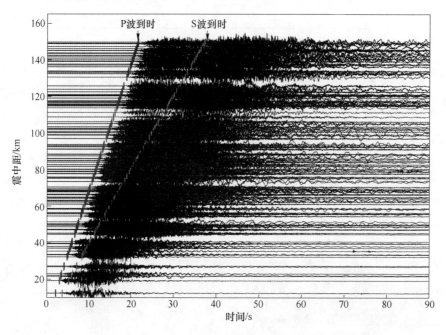

图 3-43   2008 年 6 月 14 日日本岩手县 M_L 7.2 级地震 P 波和 S 波到时

按图 3-9 所示的计算流程,基于日本岩手县 M_L 7.2 级地震发生后某时刻内的峰值加速度实时计算此次地震断层破裂主方向及初始破裂点相对位置,计算结果如图 3-44 所示,图 3-44a 所示为破裂主方向随时间的变化,图 3-44b 所示为初始破裂点相对位置随时间的变化,其中破裂主方向角是以正北向为起点,顺时针旋转为正。

从图 3-44a 中可看出,随着计算时间的增加,实时确定的破裂主方向角在第 16s 后趋于稳定,但前 15s 计算得到的破裂主方向角波动较大,说明在前 15s 不能确定出断层的破裂方向;第 15s 后,可以给出较稳定的值 90°左右,可认为该稳定值大概是断层破裂主方向;图 3-44b 中前 9s 确定的初始破裂点相对位置波动较大,不能辨别出是单侧破裂还是双侧破裂,当基本趋近于 1,可认为起始破裂为单侧破裂,但在第 9s 后,初始破裂点相对位置趋近于 0.5,且保持在 0.5,此时可认为最终断裂模式为双侧破裂,与图 3-44b 中的断层面及震中在断层面的位置相比,可认为双侧破裂接近于实际情况。

图 3-45 所示为此次地震发生后某时刻内的水平向峰值加速度几何平均值等值线云图及断层破裂主方向示意图,图 3-45a、b、c 和 d 分别为震后第 5s、9s、

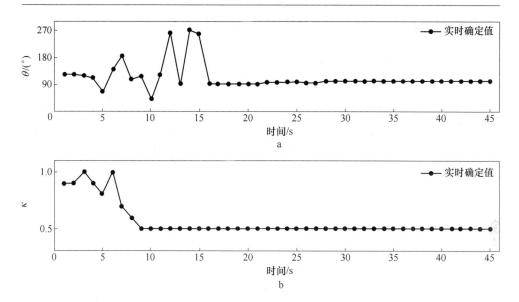

图 3-44 2008 年 6 月 14 日日本岩手县 M_L7.2 级地震基于地震发生后某时刻内的峰值
加速度实时确定的破裂主方向和初始破裂点相对位置随时间的变化

a—破裂主方向随时间的变化；b—初始破裂点相对位置随时间的变化

16s 和 35s。从图中可看出实时确定的断层破裂主方向与水平向峰值加速度几何平均值等值线云图分别一致，这与 Bose 等（2012）基于近源分类（峰值加速度超过某一阈值时，可认为是一定范围内的断层分布）提出的 FinDer 方法确定的断层面范围一致。但与图中方框所表示的断层在地表投影面的走向有一定的差别。

3.8.9 实例 9：2017 年 6 月 25 日日本长野县南部 M_L5.6 级地震

2017 年 6 月 25 日上午 7 时 2 分（当地时间）日本中部长野县伊那（Ina）西方约 30km 处，发生了 M_L5.6（M_W5.3）级强震，震中位于东经 137.568°、北纬 35.864°（震中位置如图 3-46a 中六角星所示），震源深度约 10km，日本气象厅初步判定本次地震断层类型以逆断层型为主，GCMT Project 给出的 CMT 震源机制解见表 3-13 和图 3-46a 中"海滩球"，也表明此次地震为逆断层型。此次地震并未传出人员伤亡或损害灾情。

本节选择 $R_{epi} \leqslant 150km$ 以内的 101 个 K-NET 台站的加速度数据（图 3-46a 中三角形）作为实例分析，其中编号为 NGN018 的台站（图 3-46a）距震中仅 7.80km，记录到的三分向加速度时程如图 3-46b~d 所示，同时该台站也是此次地震中记录到的最大加速度记录的台站，东西向峰值加速度为 246.76cm/s^2，南北向峰值加速度为 238.97cm/s^2，竖直向峰值加速度为 196.81cm/s^2。

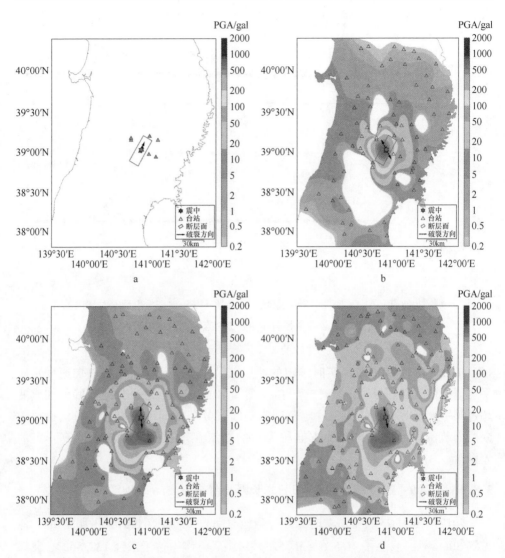

图 3-45　2008 年 6 月 14 日日本岩手县 M_L 7.2 级地震发生后某时刻内的水平向峰值

加速度几何平均值等值线云图及断层破裂主方向示意图

a—t_{after} = 5s；b—t_{after} = 9s；c—t_{after} = 16s；d—t_{after} = 35s

表 3-13　2017 年 6 月 25 日日本长野县南部 M_L 5.6 级地震 CMT 震源机制解

矩震级	断层界面 I /(°)			断层界面 II /(°)		
	走向	倾角	滑动角	走向	倾角	滑动角
M_W 5.3	24	29	83	212	61	94

按图 3-9 所示的计算流程，基于日本长野县南部 M_L 5.6 级地震发生后某时刻

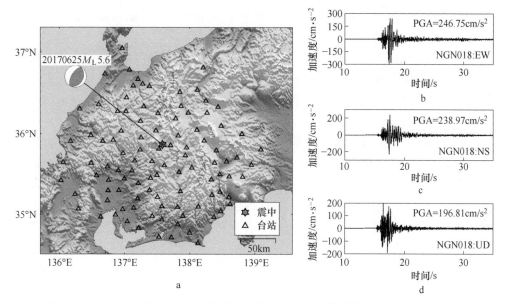

图 3-46 2017 年 6 月 25 日日本长野县南部 M_L5.6 级地震震中及台站分布（a）和
NGN018 台站三分向加速度时程（b~d）

内的峰值加速度实时计算此次地震断层破裂主方向及初始破裂点相对位置，计算
结果如图 3-47 所示，图 3-47a 所示为破裂主方向随时间变化图，图 3-47b 所示

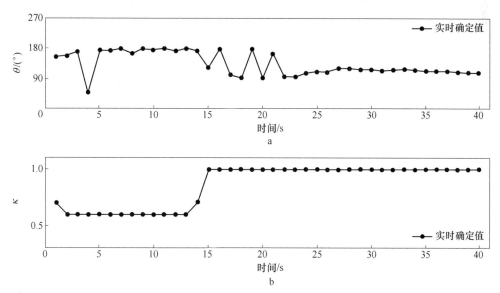

图 3-47 2017 年 6 月 25 日日本长野县南部 M_L5.6 级地震基于地震发生后某时刻内的峰值
加速度实时确定的破裂主方向和初始破裂点相对位置随时间的变化
a—破裂主方向随时间的变化；b—初始破裂点相对位置随时间的变化

初始破裂点相对位置随时间变化图，其中破裂主方向角是以正北向为起点，顺时针旋转为正。

图 3-48 所示为日本长野县南部 M_L5.6 级地震发生后某时刻内的水平向峰值加速度几何平均值等值线云图及断层破裂主方向示意图。从图中可看出，实时确定的断层破裂主方向与水平向峰值加速度几何平均值等值线云图的分布走向基本一致。

从图 3-47a 中可以看出，随着计算时间的增加，实时确定的破裂主方向角在第 22s 后趋于稳定，但前 22s 计算得到的破裂主方向角波动较大，说明在前 22s 不能确定出断层的破裂方向；第 22s 后，可以给出较稳定的值 95°左右，可认为该稳定值大概是断层破裂主方向，并与图 3-48 所示的此次地震发生后某时刻内的水平向峰值加速度几何平均值等值线云图分布进行比较，这看出该稳定值基本与等值线云走向一致。

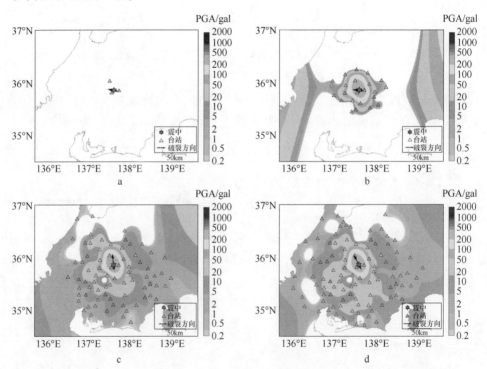

图 3-48　2017 年 6 月 25 日日本长野县南部 M_L5.6 级地震发生后某时刻内的水平向
峰值加速度几何平均值等值线云图及断层破裂主方向示意图

a—t_{after} = 3s；b—t_{after} = 10s；c—t_{after} = 22s；d—t_{after} = 30s

从图 3-47b 中前 15s 确定的初始破裂点相对位置基本等于 0.6，可认为起始破裂为双侧破裂，与图 3-48b 中水平向峰值加速度几何平均值等值线云图分布一致；在第 15s 后，初始破裂点相对位置趋近于 1，且保持在 1，此时可认为最终断裂模式为单侧破裂，与图 3-48d 中水平向峰值加速度几何平均值等值线云图分布相比，差别不大，可认为最终确定方式为单侧破裂，接近于实际地震动加速度分布情况。

3.8.10 实例 10：2016 年 11 月 13 日新西兰凯库拉 M_W7.8 级地震

2016 年 11 月 13 日 11：02：56.34（UTC，协调世界时）新西兰南岛凯库拉（Kaikoura）地区发生 M_W7.8 级大地震，这是新西兰继 2016 年 9 月 2 日北岛东北部海域发生 M_W7.1 级地震之后，发生的又一次 7 级以上的大震。此次地震震源深度大约为 15km，震中位于 42.737°S、173.054°E（震中位置如图 3-49a 中六角星所示）。

此次地震是逆冲型地震（左旋-逆断层，逆冲为主，USGS 公布的震源机制解如图 3-49a 中的"海滩球"和表 3-14 所示），主发震断层破裂范围长约 120km，宽约 50km（如图 3-49 中方框所示为断层在地表的垂直投影，参考 USGS（2016）公布结果的有限断层模型）。此次地震导致 2 人死亡、20 多人受伤、10 余栋房屋严重破损。

表 3-14　2016 年 11 月 13 日新西兰凯库拉 M_W7.8 级地震震源机制解

矩震级	断层界面 I/(°)			断层界面 II/(°)		
	走向	倾角	滑动角	走向	倾角	滑动角
M_W7.8	219	38	128	354	61	64

新西兰 GeoNet 地震台网及强震网在此次地震中共有 222 个台站（台站分布如图 3-49 中三角形所示）获得到了高质量的地震动记录，本节选择 $R_{epi} \leqslant 150km$ 以内的 86 个台站数据（如图 3-49 中灰色三角形所示）作为实例分析，同时也选择了 $R_{JB} \leqslant 150km$（Joyner-Boore 距离，台站到断层在地表垂直投影的最短水平距离）以内的 168 个台站数据（如图 3-49 中黑边三角形及灰色三角形所示）作为实例分析，与并 $R_{epi} \leqslant 150km$ 数据计算结果进行对比。

图 3-49b~d 所示为距震中最近的台站（台站编号为 WTMC，$R_{epi} = 8.53km$，$R_{JB} = 0km$）记录到的三分向记录（图 3-49b 为东西向，峰值加速度为 990.74cm/s^2；图 3-49c 为南北向，峰值加速度为 922.96cm/s^2；图 3-49d 为竖直向，峰值加速度为 3154.15cm/s^2）。对地震记录进行 P 波捡拾后，根据理论 P 波到时，对台站先后触发进行排序，结果如图 3-50 所示。

此次地震地表破裂带极其复杂（Shi et al，2017），至少有 12 条主要断裂产生了米量级的地表位错，而每条断裂又由多条次级断裂构成，这些地震地表破裂带总体呈南西-北东走向（Hamling et al，2017）。此次地震极其复杂的破裂并不

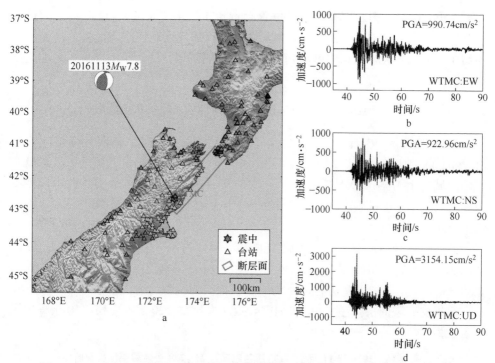

图 3-49　2016 年 11 月 13 日新西兰凯库拉 M_W7.8 级地震震中及台站分布（a）和
WTMC 台站记录到的三分向加速度时程（b~d）

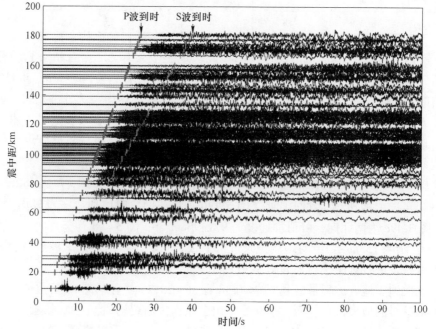

图 3-50　2016 年 11 月 13 日新西兰凯库拉 M_W7.8 级地震 P 波和 S 波到时

是一次破裂形成的，而是多条断层先后破裂形成的。

图 3-51 所示为利用此次地震 $R_{epi} \leqslant 150km$ 加速度数据计算得到的破裂主方向和初始破裂点相对位置随时间变化的实时确定值。从图 3-51a 中可看出，在地震发生后 21s（第一个台站触发后 18s）后基本可确定出断层破裂主方向为 60°左右。此时所说的是理论触发时间，是根据图 3-51 中所示台站触发先后顺序计算得到，如地震发生后第 3s，首台台站（编号：WTMC，$R_{epi} = 8.53km$）触发，也就是说，在震后第 3s 时仅有 1 个台站触发；震后第 4s 时有 2 个台站触发；震后第 5s 有 6 个台站触发；在震后第 21s 时有 84 个台站触发，此时触发的台站基本分布在震中 150km 范围内。从图 3-51b 中可以看出，第 9~19s 初始破裂点相对位置基本为 1，可认为接近单侧破裂；在第 20s 之后，初始破裂点相对位置为0.7 或 0.6，可认为接近双侧破裂，这与此次地震断层破裂的多次性和复杂性有关（Shi et al, 2017）。

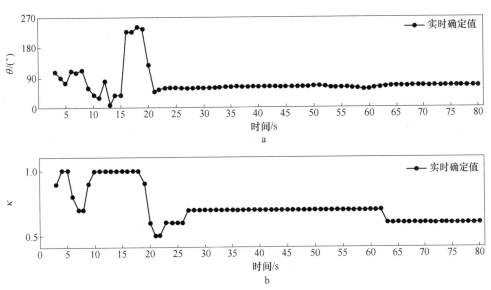

图 3-51　2016 年 11 月 13 日新西兰凯库拉 $M_W 7.8$ 级地震基于 $R_{epi} \leqslant 150km$ 加速度数据计算的破裂主方向和初始破裂点相对位置实时确定值随时间的变化

图 3-52 所示为此次地震破裂主方向和所触发台站分布及峰值加速度等值线云图。图 3-52a 为震后第 6s（首台台站触发后第 3s）破裂主方向和触发台站示意图，从图中可看出，仅有 6 个分布于震中附近的台站触发，此时并不能确定出断层破裂主方向；图 3-52b 为震后第 16s 实时确定值示意图，从图中可看出，确定的破裂主方向与所触发台站的位置有密切相关；随着时间的持续和所触发台站数量的增多，由图 3-52d、e 和 f 可看出，实时确定的破裂主方向基本与实际相符。

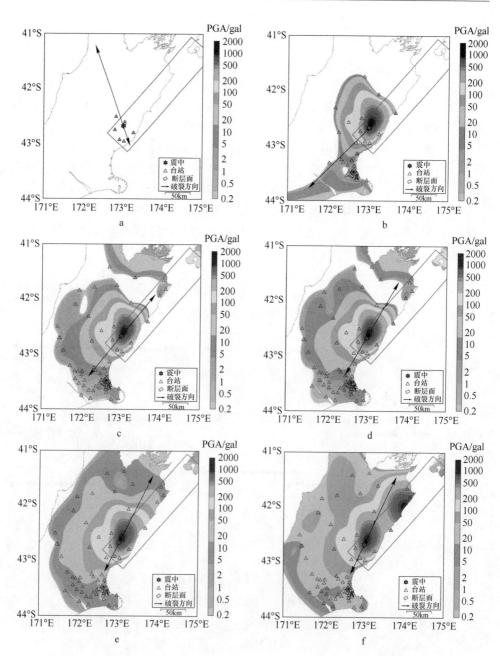

图 3-52   2016 年 11 月 13 日新西兰凯库拉 M_W 7. 8 级地震发生后某时刻的水平向
峰值加速度几何平均值等值线云图及基于 R_{epi} ≤150km 地震
加速度数据实时确定的破裂主方向示意图（USGS，2016）

a—t_{after} = 6s； b—t_{after} = 16s； c—t_{after} = 21s； d—t_{after} = 23s； e—t_{after} = 35s； f—t_{after} = 70s

图 3-53 所示为 2016 年 11 月 13 日新西兰凯库拉 M_W7.8 级地震基于 $R_{JB} \leqslant$ 150km 地震加速度数据计算的破裂主方向实时确定值随时间的变化，所用台站分布如图 3-49 中三角形所示，图 3-53 中破裂主方向的变化与运用 $R_{epi} \leqslant$ 150km 加速度数据计算的结果相比，并没有明显变化，这说明基于考虑了有限断层所选数据实时确定的结果并不优于根据震中距所选数据，这是因为运用本章所给方法实时确定断层破裂主方向时，已经实时考虑了有限断层的影响。

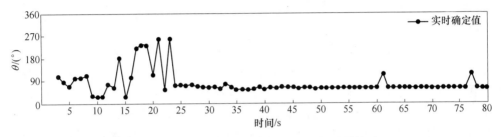

图 3-53 2016 年 11 月 13 日新西兰凯库拉 M_W7.8 级地震基于 $R_{JB} \leqslant$ 150km
地震加速度数据计算的破裂主方向实时确定值随时间的变化

3.9 本章小结

针对传统地震预警中基于震源为点源模型的简化条件来估计地震动场，尤其大震地震动场估计中由于断层破裂方向和破裂方式估计错误或未知，导致地震动场的估计结果与实际情况不符的问题，本章主要以方向性效应断层破裂能量辐射理论确定破裂主方向的方法为基础，通过对方向性函数参数的分析和距离参数的修正等改进了此方法，并选用多次发生在不同地震构造环境及不同断层类型（正断层、逆断层和走滑断层）的地震对改进的方法进行了验证，得到以下相关结论：

（1）改进的基于方向性效应断层破裂能量辐射理论的断层破裂方向和破裂方式的确定方法，该方法能够运用于实时确定断层破裂主方向和破裂方式（初始破裂点的相对位置）中，是因为根据有限断层对距离参数进行实时修正并与地震动峰值加速度、速度和位移的实时预测值有关。通过多次地震数据对改进的方法进行了验证，结果表明改进的方法能够较为准确地给出断层破裂主方向和破裂方式，能够应用于实时计算且计算结果可靠。

（2）尽管在地震结束前（断层破裂过程中）确定出的断层破裂主方向和破裂方式与最终的破裂方向和破裂方式有所偏差，但却能够尽早给出破裂的大概走向和初始破裂相对位置。

4 地震动场的实时估计

4.1 引言

地震动场反映了地震动峰值参数（如峰值加速度、峰值速度等）或烈度的空间变化情况，不同的地震动峰值参数反映了地震对目标场点影响的不同特征。国内外关于地震动场快速估计方面的研究不胜枚举，而地震预警系统中地震动场的估计一般是基于快速确定的地震的基本参数（震中、震级等）信息，结合目标区或区域已知的地面运动模型及场地条件类型，对目标区域或整个地区给出大概的地震动场或烈度场分布（Kiyomoto，2005；Cua et al，2009；Satriano et al，2010；Kuyuk et al，2014）。估计大震地震动场时，若不考虑断层破裂方向和尺寸，将对估计结果造成很大的影响；多震同发等复杂情况下，传统方法不能精确地估计出地震动场的分布，容易造成地震预警系统漏报。

本章在目前常用的地震动场估计方法基础上，分别研究与地震的基本参数有关和无关的地震动场实时估算方法，结合前文快速确定震级以及断层破裂主方向和破裂方式，提出新的地震动场实时估计方法，用于解决目前地震预警系统中地震动场估计面临的问题。

4.2 基于地震的基本参数的传统方法

基于地震的基本参数的地震动场估计方法的研究起步较早，尤其是在地震预警系统中得到了有效利用，该方法在应用中比较简单、计算效率高并且估计结果具有一定的精度。无论地震台网是否密集，历史地震观测资料是否丰富，都能使用本地区或借鉴其他地区的地面运动模型来实现目标区的地震动场估计。但该方法对地面运动模型和地震的基本参数的依赖性较大，如果地震定位或震级估算不准确，将影响地震动场的估计结果；尤其是对断层破裂引起的大震进行地震动场估计时，由于断层常常以一定的走向破裂，使地震动场的分布具有一定的方向性，以点源模型估计的地震动场具有各向同性的性质而不具有方向性，同样会影响估计结果。

基于地震的基本参数的地震动场估计的传统方法是最基础的，也是目前最常用的方法，在观测数据信息不足的情况下，依然可作为估算地震动场的一种有效方法，因此有必要对该方法进行分析和研究。

4.2.1 地面运动模型

基于地震的基本参数的传统地震动场估计，需要选择合适的地面运动模型，尤其是对大震来说，往往需要考虑断层破裂长度、方向和破裂方式等。以本章选用的地面运动模型为例，分析基于地震的基本参数的传统地震动场估计方法对地震动场的估计效果。选择 Boore 等（2008）在 PEER-NGA（美国太平洋地震工程研究中心——下一代地震动衰减模型）计划项目中为美国西北部地区建立的地面运动模型（以下称为 BA08，Boore 等，2008），模型方程见下式：

$$\ln Y = F_M(M_W) + F_D(R_{JB}, M_W) + F_S(V_{S30}, R_{JB}, M_W) + \varepsilon\sigma_T \qquad (4-1)$$

式中 　　　　Y——地震动峰值参数，如 PGA 或 PGV；

F_M, F_D, F_S——分别为震级项、距离项和场地效应项；

　　　　M_W——矩震级；

　　　　R_{JB}——Joyner-Boore 距离，即场点到断层在地表垂直投影的最近距离，当矩震级小于 6 时，与震中距基本相同；

　　　　V_{S30}——地表以下 30m 深处的平均剪切波速；

　　　　ε——标准差；

$\sigma_T = \sqrt{\sigma^2 + \tau^2}$——依赖于时间的系数，其中 σ 为事件内部的不确定性，τ 为事件间的不确定性。

距离项：

$$F_D(R_{JB}, M) = [c_1 + c_2(M - M_{ref})]\ln(R/R_{ref}) + c_3(R - R_{ref}) \qquad (4-2)$$

式中　$R = \sqrt{R_{JB}^2 + h^2}$；

　　　c_1，c_2，c_3，M_{ref}，h——回归系数。

震级项：

（1）$M \leq M_h$

$$F_M(M) = e_1 U + e_2 SS + e_3 NS + e_4 RS + e_5(M - M_h) + e_6(M - M_h)^2 \qquad (4-3)$$

（2）$M > M_h$

$$F_M(M) = e_1 U + e_2 SS + e_3 NS + e_4 RS + e_7(M - M_h) \qquad (4-4)$$

式中　U，SS，NS，RS——分别表示断层类型为未确定型、走滑型、正断层和逆断层；在本书利用 BA08 时，设定断层类型为未确定型，于是 $U=1$、$SS=0$、$NS=0$ 和 $RS=0$；

　　　M_h——参考震级。

场地效应项：

$$F_S = F_{LIN} + F_{NL} \tag{4-5}$$

式中，F_{LIN} 和 F_{NL} 分别表示线性项和非线性项；分别有特定的规定，具体可参阅文献 Boore 等（2008）。

针对各个不同的地震动峰值参数，Boore 等（2008）回归了各自的系数，其中 $M_{ref} = 4.5$，$R_{ref} = 1.0 km$；其他回归参数详见参考文献（Boore et al, 2008）。

4.2.2　仪器地震烈度的实时计算

根据中国地震行业标准《仪器地震烈度计算》中有关仪器地震烈度（instrumental seismic intensity, ISI）计算的规定，按如下步骤进行数据处理和计算。

4.2.2.1　地震动记录的基本处理

（1）基线校正。按照《仪器地震烈度计算》中的有关规定，对选用的地震动时程记录，按照记录时间过程减去地震事件前记录（时间长度约为 10s）的平均值，进行基线校正处理。

（2）数字滤波。对地震动加速度时程记录的每个分向进行 0.1~10Hz 带通数字滤波器滤波。

（3）加速度实时仿真速度。采用金星等 2004 提出的利用数字强震仪记录实时仿真地动速度的方法（金星 等，2004；马强 等，2003；马强，2008），由地震动加速度时程记录实时计算得到速度时程记录。

（4）记录合成。利用式（4-6）计算三分向地震动时程的合成加速度时程 $A(t_i)$，如图 4-1d 所示；及利用式（4-7）计算三分向地震动时程的合成速度时程记录 $V(t_i)$，如图 4-2d 所示。

$$A(t_i) = \sqrt{a(t_i)^2_{EW} + a(t_i)^2_{NS} + a(t_i)^2_{UD}} \tag{4-6}$$

式中　$a(t_i)_{EW}$——当前时刻 t_i 东西向（EW）加速度时程，如图 4-1c 所示；

$a(t_i)_{NS}$——当前时刻 t_i 南北向（NS）加速度时程，如图 4-1b 所示；

$a(t_i)_{UD}$——当前时刻 t_i 竖直向（UD）加速度时程，如图 4-1a 所示。

$$V(t_i) = \sqrt{v(t_i)^2_{EW} + v(t_i)^2_{NS} + v(t_i)^2_{UD}} \tag{4-7}$$

式中　$V(t_i)$——三分向地震动时程的合成速度时程，m/s；

$v(t_i)_{EW}$——地震动东西向（EW）加速度时程记录经滤波后的实时仿真后的速度时程，如图 4-2c 所示，m/s；

$v(t_i)_{NS}$——地震动南北向（NS）加速度时程记录经滤波后的实时仿真后的速度时程，如图 4-2b 所示，m/s；

$v(t_i)_{UD}$——地震动竖直向（UD）加速度时程记录经滤波后的实时仿真后的速度时程，如图 4-2a 所示，m/s。

特别说明的是，如果地震动加速度记录仅为两水平记录，式（4-6）中的 $a(t_i)_{UD}$ 和式（4-7）中的 $v(t_i)_{UD}$ 均应设置为零；如果地震动加速度记录仅为单水平方向记录，$A(t_i)$ 和 $V(t_i)$ 为其所对应的绝对值。

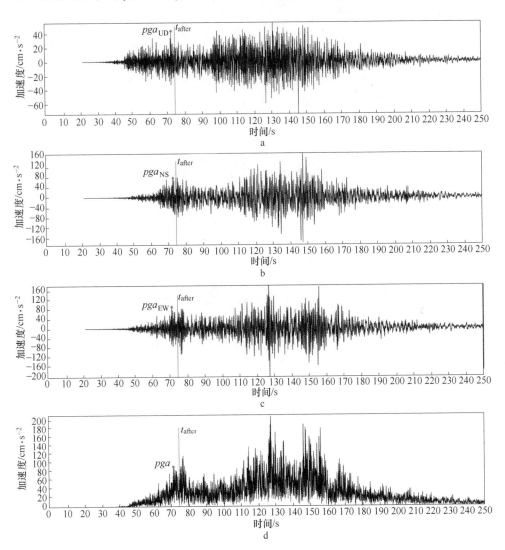

图 4-1　加速度时程

a—UD 向；b—NS 向；c—EW 向；d—三分向合成

（5）计算 pga 和 pgv。采用式（4-8）计算地震发生时刻至当前时刻（如图 4-1 中所示 t_{after}）的地震动加速度峰值，如图 4-1d 所示：

$$pga = \max[A(t_i)] \tag{4-8}$$

式中，$A(t_i)$ 为地震发生时刻至当前计算时刻的三分向地震加速度的合成加速度时程，m/s²。

采用式（4-9）计算地震发生时刻至当前计算时刻（如图 4-2 中所示 t_{after}）的地震动速度峰值，如图 4-2d 所示：

$$pgv = \max\left[V(t_i)\right] \tag{4-9}$$

式中　$V(t_i)$ ——地震发生时刻至当前计算时刻的三分向地震加速度的合成速度时程，m/s；

　　　　t_i ——当前计算时刻，如图 4-1 和图 4-2 中 t_{after} 所示。

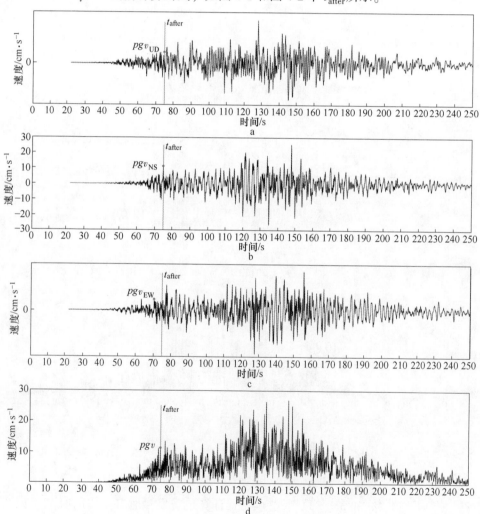

图 4-2　速度时程图

a—UD 向；b—NS 向；c—EW 向；d—三分向合成

4.2.2.2 实时计算仪器地震烈度

（1）计算实时 I_{pga} 和 I_{pgv}。基于式（4-8）实时计算得到的 pga，采用式（4-10）计算 I_{pga}：

$$I_{pga} = \begin{cases} 3.17\lg pga + 6.59，三方向合成 pga \\ 3.20\lg pga + 6.59，两方向合成 pga \\ 3.23\lg pga + 6.82，单水平向 pga \end{cases} \tag{4-10}$$

式中 pga——按式（4-6）计算的地震发生时刻至当前时刻（如图 4-1 中 t_{after} 所示）的地震动加速度峰值，如图 4-1d 所示；

I_{pga}——基于 pga 计算得到的仪器地震烈度值。

基于式（4-9）实时计算得到的 pgv，采用式（4-11）计算 I_{pgv}：

$$I_{pgv} = \begin{cases} 3.17\lg pgv + 9.77，三方向合成 pgv \\ 3.20\lg pgv + 9.78，两方向合成 pgv \\ 3.23\lg pgv + 10.21，单水平向 pgv \end{cases} \tag{4-11}$$

式中 pgv——按式（4-7）计算的地震发生时刻至当前时刻（如图 4-2 中 t_{after} 所示）的地震动速度峰值，如图 4-2d 所示；

I_{pgv}——基于 pgv 计算得到的仪器地震烈度值。

（2）计算实时 Ir_{obs}。根据规范，采用式（4-12）计算 Ir_{obs}，计算结果保留小数点后一位有效数字。若 $Ir_{obs} < 1.0$，$Ir_{obs} = 1.0$；若 $Ir_{obs} > 12$，$Ir_{bos} = 12$。

$$Ir_{obs} = \begin{cases} I_{pgv}，I_{pga} \geqslant 6.0 \text{ 且 } I_{pgv} \geqslant 6.0 \\ (I_{pga} + I_{pgv})/2，I_{pga} < 6.0 \text{ 或 } I_{pgv} < 6.0 \end{cases} \tag{4-12}$$

式中 I_{pga}——按式（4-10）计算的结果；

I_{pgv}——按式（4-11）计算的结果；

Ir_{obs}——实时仪器地震烈度值观测值。

4.2.3 应用实例：2008 年 5 月 12 日中国四川汶川 $M_S 8.0$ 级地震

以 2008 年 5 月 12 日中国四川汶川 $M_S 8.0$ 级地震为例，分析采用基于地震的基本参数的传统方法实时估计此次地震的地震动场分布效果，选择式（4-1）作为预测模型。据第 2 章震级确定方法，实时确定此次地震的预警震级，如图 4-3 所示。从图中可看出，随着计算时间的延长，触发台站和可用数据的增多，在第 20s 之后，实时确定的预警震级基本趋于稳定，稳定值 7.6 与最终实际值 7.9 相差 0.3 个震级单位。

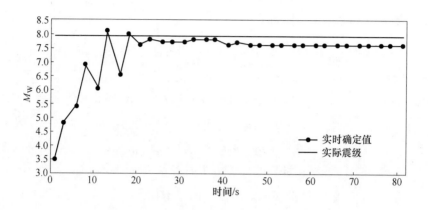

图 4-3 汶川地震震级实时确定值随时间的变化

为考虑有限断层的影响，根据矩震级与断层长度的统计关系式（3-4），计算得到的部分结果见表 4-1。将大尺度破裂断层简化为以断层长度为直径的圆形点源模型，计算 R_{JB} 距离，进而可求出地震动参数峰值加速度和峰值速度的预测值，然后根据仪器地震烈度的计算式（4-10）和式（4-11），用传统方法估计此次地震的仪器地震烈度场分布（图 4-4）。图 4-4 中六角星为震中，三角形为当前时刻触发台站，实线圈为实际地震烈度等值线，圆点是以断层长度 L 为直径的圆形震源。从图 4-4 中可清晰地看出仪器地震烈度影响场的分布范围与实际地震烈度观测值相比差别较大，不能很好地体现出断层破裂的有限长度，而仅仅表示为圆形区域，这不能为地震救援等工作提出较好的指导。因此，需要研究能够考虑断层尺寸和断层破裂方向的其他地震动场估计方法。

表 4-1 2008 年 5 月 12 日中国四川汶川 M_W7.9 级地震震级实时确定值与断层长度计算结果

时间/s	M_W	L/km
6	5.4	6.14
16	6.5	26.04
26	7.7	125.604
36	7.8	143.22
46	7.6	110.15
56	7.6	110.15
66	7.6	110.15
76	7.6	110.15

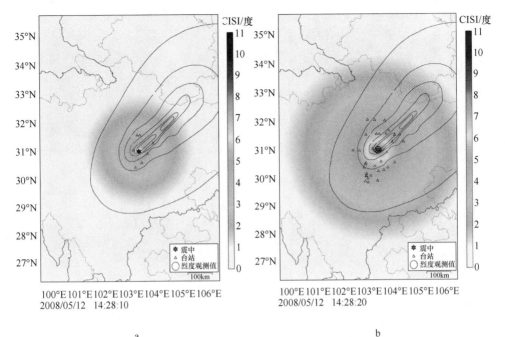

a

b

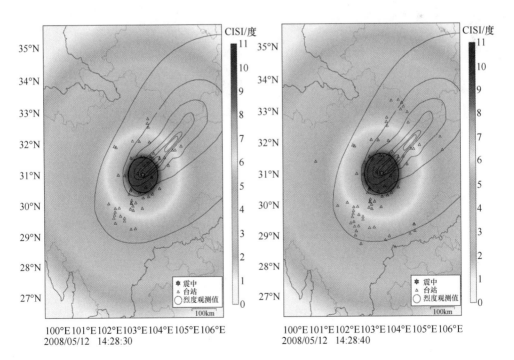

c

d

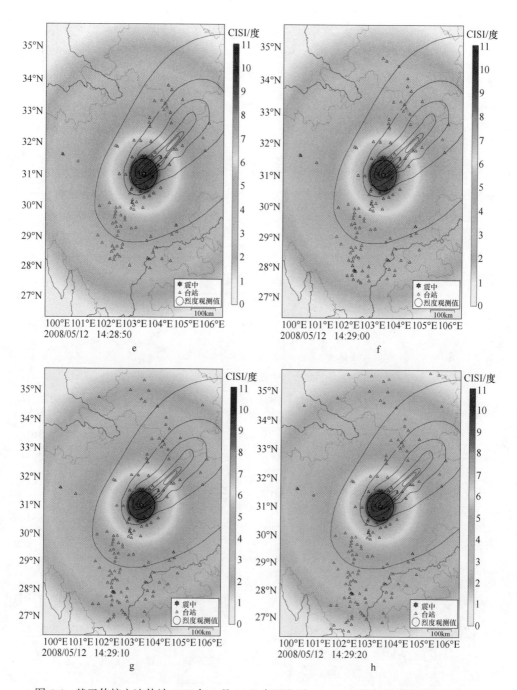

图 4-4　基于传统方法估计 2008 年 5 月 12 日中国汶川 $M_\mathrm{W}7.9$ 地震仪器地震烈度场分布

a—$t_\mathrm{after} = 6\mathrm{s}$；b—$t_\mathrm{after} = 16\mathrm{s}$；c—$t_\mathrm{after} = 26\mathrm{s}$；d—$t_\mathrm{after} = 36\mathrm{s}$；e—$t_\mathrm{after} = 46\mathrm{s}$；

f—$t_\mathrm{after} = 56\mathrm{s}$；g—$t_\mathrm{after} = 66\mathrm{s}$；h—$t_\mathrm{after} = 76\mathrm{s}$

4.3 基于加速度时程包络模拟的方法

在早期的研究中，地面运动加速度时程的模拟主要针对地面运动时程中强烈震动的平稳段，但因为实际地面运动加速度时程是非平稳的幅值，故该平稳段与实际地面运动加速度时程差别较大。在模拟的过程中，应考虑早期地震波（P 波段）和破坏性地震波（面波或 S 波），且适当考虑幅值的变化。为了能够满足这种地面运动加速度特性，各国学者致力于研究地面运动加速度时程包络。Housner 等（1964）、Jennings 等（1968）提出由上升段、平稳段和下降段组成的"三段式"加速度时程包络；Cua（2005）考虑到 P 波段和 S 波段的叠加，令 P 波段和 S 波段均符合"三段式"时程包络。

地面运动加速度包络的模拟在地震预警中，尤其在确定断层破裂方向和破裂尺寸时，得到了有效的应用（Yamada et al, 2008）。通过最小化观测到的地面运动加速度包络与有限断层子源模型的地面运动加速度模拟包络之间的残差的平方和，确定出有限断层子源模型参数的最佳估计值。当确定了基于地震动峰值加速度、速度和位移的用于区分远近场的阈值后，地震动包络的模拟能够帮助识别台站获取到的地震记录是否或者什么时候超过设定的阈值，地震预警系统就可以利用实时接收到的地震动峰值参数对每一个台站进行远近场的区分，进而确定近场范围，利用地震动幅值的远近场阈值来估计断层长度及破裂方向，最后可根据式（3-5）确定出的断层破裂主方向和长度；同样可利用模拟包络的幅值，预测地震动场（基于峰值加速度的仪器地震烈度场）的分布。

4.3.1 地面运动包络模型

Cua 等（2005）基于发生在加利福尼亚南部、震级范围 $M2.0 \sim M7.3$，地震震源区为 200km 以内的 70 次地震中超过 3 万多条竖直向和水平向（东西向和南北向）的地震记录，建立了地面运动包络关系。Cua（2005）用 11 个参数对每条地震记录进行参数化计算（式（4-13）），并用震级、震中距和场地条件的函数来表示每个参数。

4.3.1.1 地面运动加速度时程包络

通过对地震动数据进行简单处理，可得到加速度、速度和位移时程，然后选取一定时间窗长（如 1s）内地面运动时程的最大绝对振幅，即可得到地面运动时程包络。之所以选择 1s 的时间窗长，是因为与数字地震台的实时传输数据流最为接近，因此成为地震预警应用中的一个合理选择。大量研究表明，地面运动时程包络可用与地震震级项、距离项和场地条件项有关的函数来描述和预测这种特殊的数据流。

　　图 4-5 所示为 1994 年 1 月 17 日北岭地震中，台站 RANCHO CUCAMONGA-DEER CAN（加州矿产地质局地震台站，ID No. 23598）获取到的竖直向加速度时程记录，该台站的震源距为 91.52km，距震中 89.83km，到断层在地表投影最近的距离（R_{JB}）为 79.83km。P 波和 S 波到时如图 4-5 中 t_P 和 t_S 所示。图 4-6 所示为与之相关的加速度时程包络，同样，图中 t_P 和 t_S 分别表示 P 波和 S 波到时。

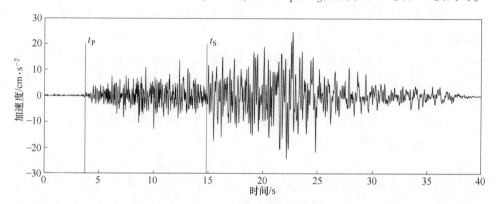

图 4-5　1994 年 1 月 17 日北岭地震某台站记录到的竖直向加速度时程

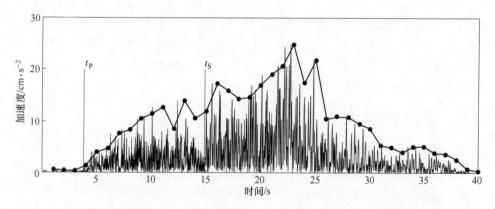

图 4-6　1994 年 1 月 17 日北岭地震某台站记录到的竖直向加速度时程包络

4.3.1.2　地面运动加速度时程包络参数化

　　大量实际的观测发现，地震动包络 $E(t \mid M, R)$ 可以表示为震级 M 和距离 R 的函数，并且观测到的地面运动包络可表示为 P 波、S 波和环境噪声包络的组合。图 4-7 所示为一条观测到的地震动包络和最佳的 P 波、S 波和环境噪声的分解，可根据式（4-13）进行组合：

$$E_{\text{observed}}(t) = \sqrt{E_P^2(t) + E_S^2(t) + E_{\text{ambient}}^2} + \epsilon \qquad (4\text{-}13)$$

式中　$E_{\text{observed}}(t)$——观测到的地震动包络；

$E_P(t)$——P 波的包络；

$E_S(t)$——S 波及后续达到波的包络；

$E_{ambient}$——场点处的环境噪声；

ϵ——地震动包络的预测值和观测值之间的差。

对于给定的时程，场点处的环境噪声 $E_{ambient}$ 一般可用常数表示。P 波包络 $E_P(t)$ 和 S 波包络 $E_S(t)$ 均用上升时间段（$t_{rise,P}$，$t_{rise,S}$）、幅值平稳（常数）段（A_P，A_S）、持续时间（Δt_P，Δt_S），和两个衰减参数（γ_P，γ_S），（τ_P，τ_S）表示。之所以用两个衰减参数来表示，是因为一个衰减参数通常与整个尾波吻合，但在 P 波或 S 波振幅达到峰值后，一个参数表示的结果总会有较大的偏差。Jennings 等（1968）同样利用两个衰减参数表示地震动幅值包络随时间的衰减。使用两个衰变参数，并在参数化过程中权衡各种因素，可改进包络的预测值和观测值之间的匹配度。

$$E_{i,j}(t) = \begin{cases} 0, & t < T_i \\ \dfrac{A_{i,j}}{t_{rise_{i,j}}}(t - T_i), & T_i \leq t < T_i + t_{rise_{i,j}} \\ A_{i,j}, & T_i + t_{rise_{i,j}} \leq t < T_i + t_{rise_{i,j}} + \Delta t_{i,j} \\ A_{i,j} \dfrac{1}{(t - T_i - t_{rise_{i,j}} - \Delta t_{i,j} + \tau_{i,j})^{\gamma_{i,j}}}, & t \geq T_i + t_{rise_{i,j}} + \Delta t_{i,j} \end{cases}$$

$$(4-14)$$

式中　i——P 波和 S 波；

　　　T_i——P 波和 S 波到时；

　　　j——表示三分向（竖直向、东西向和南北向）的加速度、速度和位移。

描述地震动包络的观测值时采用了 11 个参数（图 4-7），其中 P 波和 S 波各有 5 个参数，还有 1 个常数用于表示环境噪声。采取参数化的最大优点是可以单独表征 P 波和 S 波的特征。直观上来说，每个体波的包络都有一个上升时间和一个具有有限持续时间的振幅。在不同的参数之间存在着一定的权衡关系，如上升时间和持续时间之间以及两个衰减参数之间。另外近场处的 P 波参数的确定还存在一些其他困难，在距离小于 20km 的情况下，S 波到达前的 P 波数据的时间少于 3s，这使得用于约束或提取 P 波衰减参数变得比较困难。

为了量化地面运动的包络（图 4-6）是如何依赖于震级、距离和场地条件，可以根据式（4-14）假设不同的包络参数与震级、距离和场地条件的变化关系，运用适当的方法通过对大数据进行反演，找出与数据库中所有的地面运动时程包络最符合的最佳的模型参数；然后建立用于描述震级、距离和场地条件的各种包络参数之间相互依赖的包络衰减关系。通过这些包络衰减关系可获得更多的初始模型，以便对数据库中的所有地面运动包络进行二次迭代拟合，并为包络参数建立衰减关系。图 4-7 所示为一个实际地震动包络及使用邻域方法（neighborhood algorithm）得到的"最佳"P 波、S 波和环境噪声的包络分解图。图 4-8 所示为用于描述 S 波振幅包络随时间变化的各种参数：上升时间参数 t_{riseS}，常数幅值 A_{S}，持续时间 Δt 和两个衰减参数 τ_{S} 和 γ_{S}。

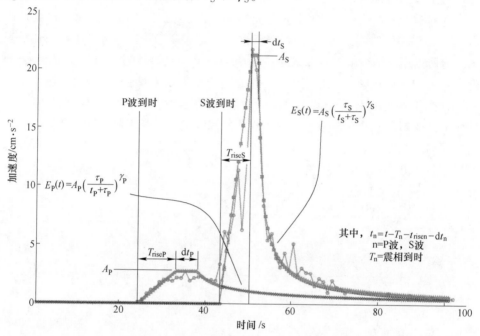

图 4-7　观测到的地面运动包络分解为 P 波、S 波和环境噪声包络

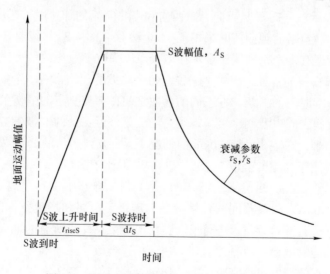

图 4-8　描述 S 波振幅包络随时间变化的各系数

4.3.1.3 包络衰减关系

包络衰减关系与传统的时域内强地面运动衰减关系（Boore et al, 2005）相似，具有相同的意义和概念，一直是应用于确定性和概率性地震危险性分析中的重要的工具；在估计和设计某一场点的工程结构时，需运用场点的已知地面运动关系，且考虑震级、震源距和场地条件特征等因素。几乎所有的衰减关系都是描述地面运动的参数与震源、波从震源到场点的传播路径和场地条件等之间的数学模型（Campbell et al, 2008）。峰值地震动的量是因变量，表示震级、距离和场地条件的参数是自变量。一些衰减关系会考虑断层类型（Boore et al, 2005）和方向性效应（Somerville, 1997），并且一般建立的是峰值加速度、峰值速度、峰值位移和不同周期的反应谱等参数模型。

与针对大震建立的地面运动模型不同，Cua（2005）建立了地面运动模型，其运用的地震记录数据包含了震级从 2~7 级的地震。为了描述这一数据特征，必须考虑地震动幅值是震级的函数并且随距离的变化而衰减，而振幅的距离衰减是一个数量级的函数。

A 幅值参数

在大量文献中，经常会看到"地面运动模型""地震动衰减关系"或者"地面运动预测方程"，其实三者是一致的，都指的是相同的概念：它将表示地面运动的量与描述震源、地震波在震源与场地之间的传播路径和场地的局部条件等其他参数联系起来的数学表达式。如 Boore（2005，2008）、Campbell（1981，2008）、Shahram 等（2011）、Somerville 等（1997）、Youngs 等（1997）……。

式（4-14）中的包络模型参数 P 波和 S 波幅值参数是用于描述 P 波和 S 波振幅与地震震级、距离和场地条件之间的关系，用式（4-15）函数形式表示（Cua, 2005）：

$$\lg A_{ij} = a_i M - b_i(R_1 + C_i(M)) - d_i \lg(R_1 + C_i(M)) + e_{ij} + \epsilon_i \qquad (4\text{-}15)$$

式中　　i——P 波和 S 波的水平向和竖直向的加速度、速度和位移；

　　　　j——台站个数；

　　　　A_{ij}——地震动包络的幅值；

　　　　M——震级（当 $M>5.0$ 时为矩震级 M_W）；

a_i, b_i, d_i, e_{ij}——回归系数；

　　$e_{ij} = \mathrm{cons\,tan} t_i + \text{station corrections}_{i,j}$；

　　　　ϵ_i——随机误差，符合正态分布（$0, \sigma^2$）；

　　$R_1 = \sqrt{R^2 + 9}$；

　　　　R——距离，当震级 $M<5.0$ 时，R 为震中距；当震级 $M>5.0$ 时，R 为

　　　　到台站到断层的最近距离;

　　$C_i(M)$——与震级相关的函数,Cua(2005)在 Campbell(1981)的基础上运
　　　　用式(4-16)表示:

$$C_i(M) = (\arctan(M - 5) + 1.4)(c_{1i}\exp(c_{2i}(M - 5))) \qquad (4\text{-}16)$$

可选用合适的回归方法经拟合大量地震数据后确定出式(4-15)中系数 a_i、
b_i、c_{1i}、c_{2i}、d_i、e_{ij}的值。

　　B　其他参数

　　传统的强运动衰减关系在地震学和地震工程文献中有很好的表述,Cua
(2005)描述的 P 波和 S 波振幅参数的包络衰减关系主要受到 Boore、Joyner、
Fumal(1994,1997)和 Campbell(1981,1997,2002)的启发和影响。Cua
(2005)建立了地面运动衰减关系的包络(图 4-7),同时确定了其他包络参数:
上升时间 t_{rise}、持续时间 Δt、P 波和 S 波的 2 个衰减参数 τ 和 γ。

　　取各个参数的对数值,按式(4-17)建立震级和距离的函数模型,无论是上
升时间参数、持续时间参数还是衰减参数都是正值。

$$\lg(param) = aM + bR + c\lg R + d + \epsilon \qquad (4\text{-}17)$$

式中　param——参数(上升时间参数 t_{rise}、持续时间参数 Δt 和衰减参数 τ 和 γ);

　　　　M——震级;

　　　　R——距离;

　　　　ε——同式(4-13)中的 ε 一致,符合正态分布(0,σ^2)。

　　(1)S 波上升时间 t_{riseS}。S 波上升时间 t_{riseS} 根据式(4-18)衰减关系确定:

$$\lg(t_{riseS}) = 0.64M + 0.48\lg R - 0.89$$

$$\sigma_{t_{riseS}} = 0.23 \qquad (4\text{-}18)$$

　　(2)S 波持续时间 Δt_S。S 波持续时间 Δt_S 根据式(4-19)衰减关系确定:

$$\lg(\Delta t_S) = -4.9 \times 10^{-4}R - 0.13\lg R$$

$$\sigma_{\Delta t_S} = 0.21 \qquad (4\text{-}19)$$

　　(3)S 波衰减参数 τ_S 和 γ_S。τ_S 和 γ_S 的衰减关系式互相交叉,互为循环关
系,彼此影响。Cua(2005)用 γ_S 的平均值 $\overline{\gamma}_S$(一般取 $\overline{\gamma}_S = 0.15$)作为参数 γ_S
的值,进而根据式(4-20)确定出 τ_S 值。

$$\lg(\tau_S) = 0.037M + 0.39\lg R + 1.73\gamma_S - 0.59$$

$$\sigma_{\tau_S} = 0.18 \qquad (4\text{-}20)$$

　　Cua(2005)基于选择的地震动数据库及各参数的数学模型,采用邻域搜索
方法,分别确定了基岩和土层场地的地震动(水平向和竖直向的加速度、速度和

位移）包络模型参数，其中基岩场水平向加速度时程包络系数见表4-2。

表4-2 基岩场地水平向加速度包络衰减关系系数

参数	M	R	$\lg R$	c_1	c_2	τ	γ	σ
$T_{\text{rise},P}$	0.06	5.5×10^{-4}	0.27	—	—	—	—	0.22
A_P	0.72	3.3×10^{-3}	1.20	1.6	1.05	—	—	0.31
ΔT_P	—	2.58×10^{-3}	0.21	—	—	—	—	0.39
τ_P	0.047	—	0.48	—	—	—	0.82	0.28
γ_P	−0.032	-1.81×10^{-3}	−0.10	—	—	0.27	—	0.16
$T_{\text{rise},S}$	0.64	—	0.48	—	—	—	—	0.23
A_S	0.78	2.6×10^{-3}	1.35	1.76	1.11	—	—	0.31
ΔT_S	—	-4.87×10^{-4}	0.13	—	—	—	1.73	0.21
τ_S	0.037	—	0.39	—	—	0.38	—	0.18
γ_S	−0.014	-5.28×10^{-4}	−0.11	—	—	—	—	0.09

4.3.2 子源模型

为了模拟和计算地震动包络时程函数，利用简化的 2D 震源模型，Yamada 等（2008）及 Bose 等（2012）将有限断层面分为多个尺寸一致的子断层，每个子断层相当于一个子源（图4-9）。

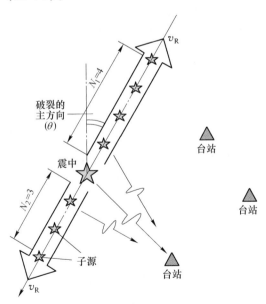

图 4-9 多子源模型示意图

（假定断层破裂从震中以恒定速度 v_R 向双侧传播，θ 为断层破裂主方向，以正北向为起点顺时针旋转为正，N_1 和 N_2 分别为破裂主方向和主方向的反方向上的子源个数）

假设断层破裂前端到达子源时，子源立刻产生 P 波和 S 波，每个子源的响应（图 4-10）在台站处产生的地震动包络 $E_i(t)$ 可用式（4-21）表示：

$$E_i(t) = E(t - t_i \mid M_i, R_{epi,i}) \tag{4-21}$$

式中　i——第 i 个子源；

　　t——包络时程；

　　M_i——第 i 个子源的震级；

　　$R_{epi,i}$——台站到第 i 个子源的距离（如震中距）；

　　t_i——由于断层破裂传播而导致的时间延迟，一般用 $t_i = R_{epi,i}/v_R$ 来表示，其中，v_R 为断层破裂的速度。

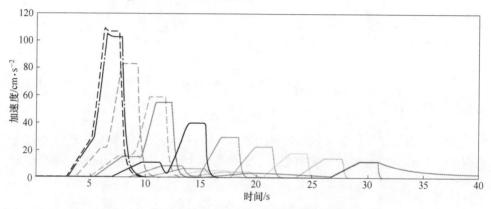

图 4-10　同一台站处来自每个子源的地震动包络示意图

台站处的总地震动可由来自于每个子源 i 的响应的叠加表示，于是台站处总的地震动包络 E_{total} 可由每个子源的包络幅值的平方和的平方根近似表示，如式（4-22）：

$$E_{total}(t \mid M, R) = \sqrt{\sum_{i=0}^{N} E_i^2(t \mid M_i, R_{epi,i})} \tag{4-22}$$

式中，N 为子源个数，$N = N_1 + N_2$，其中，N_1 和 N_2 分别为破裂主方向和主方向的反方向上的点源个数，如图 4-9 所示。

Heaton 和 Hartzell（1989）指出，Brune（1970）震源谱和恒定应力降的假设，导致了从独立于子断层滑移的子断层上辐射的高频能量。高频近震源地震动可以用随机噪声进行模拟，而随机噪声的振幅与滑移无关，地震中的高频辐射能量与破裂面的面积成正比（Yamada et al, 2008）。Boatwright（1982）同样认为高频加速度反应谱幅值与动态应力降的均方根和破裂面积的平方根成正比。Yamada 等（2008）的震源模型中的子震源是均匀间隔分布的，所以对应于每个子源的表面积和高频辐射能量也是恒定的。Bose 等（2012）和 Yamada 等（2008）根据 Well 等（1994）的研究，假设每个子源的震级 M_i 为 6，与长度为

10km 的子断层相当。

北京时间 1999 年 9 月 21 日 1 时 47 分 12.6 秒（9 月 20 日 17：47：18.49，UTC），中国台湾中部南投县集集镇（120.82°E，23.85°N）发生了 $M_W 7.6$ 地震，震源深度约 8km。此次地震是由位于台湾西部麓山带已知的活动断层车笼埔南北走向逆冲断层的活动诱发引起的，在西部麓山带和滨海平原的接触带形成了长达 100km，其中近南北向约 85km，在丰原东北部转为近东西向约 15km（Chen et al，2001；Lin et al，2001），宽约 50km 的巨大的地表断裂带（图 4-11，Ji et al，2003），造成了竖直向和水平向最大位移分别达 4m 和 9m 的巨大地表形变（王卫民 等，2005）。此次地震是近百年来台湾岛内陆地区破坏最严重的一次地震，造成了惨重的人员伤亡和巨额财产损失，台湾中部受灾尤为严重。地震发生过程中，台湾气象局布置于全岛的约 400 多台数字强震观测仪获取到了大量记录，尤其是优质的近源（震中距小于 50km）记录，本节选用 345 个台站记录，震中及台站分布如图 4-11 所示（图四周虚线灰度区域为断层在地表的投影（Ji et al，2003））。

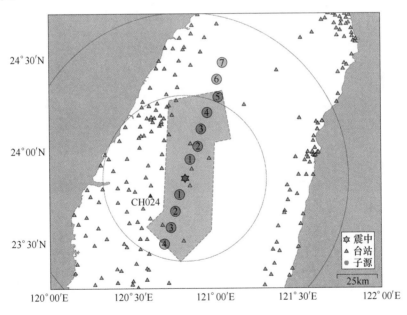

图 4-11　集集地震震中及断层地表投影和台站分布图

（黑色圆圈分别为距震中 50km 和 100km 的圆形区域）

A　模拟加速度包络

基于以上内容，用 Yamada 等（2008）提出的子震源模型，模拟 1999 年 9 月 21 日中国台湾中部的集集（Chi-Chi）地震的地震动包络，并与实际加速度包络进行比较。

由于原始地震记录数据中记录时刻并不完全准确，对台站触发的先后顺序进行排序，台湾中部地区 P 波和 S 波的速度见表 4-3（Ma et al，1996），计算模拟包络的 P 波和 S 波理论到达时间（式（4-23））为：

$$t_i = R_{epi}/\vartheta_i \qquad\qquad (4-23)$$

式中 i——P 波或 S 波；

$\quad\vartheta_i$——P 波或 S 波速度，km/s；

$\quad R_{epi}$——震中距，km。

表 4-3   中国台湾中部 P 波和 S 波速度表（Ma et al，1996）

厚度/km	$\vartheta_P/km \cdot s^{-1}$	$\vartheta_S/km \cdot s^{-1}$
1.0	3.50	2.00
3.0	3.78	2.20
5.0	5.04	3.03
4.0	5.71	3.26
4.0	6.05	3.47
8.0	6.44	3.72
5.0	6.83	3.99
半空间	7.28	4.21

通过选取固定时间窗长（如 1s，选取 1s 的采样时间窗，是为了减小计算量）内的地面运动（加速度）时程的最大绝对振幅，得到地面运动（加速度）时程包络如图 4-12c 所示。台站 CH024（23.757°N，120.606°N，如图 4-11 中三角形所示）距离震中西南方向 24.10km，距断层在地表投影的最近距离（R_{JB}）为 8.36km。

尽管集集地震断层破裂引起的滑移振幅在空间上有较大的变化，但是考虑到随机相位假设和震级饱和，用震级均为 6 的子源的辐射组合模拟高频地震动加速度包络（Bose et al，2012）。

在模拟中国台湾中部 M_W7.6 级集集地震地面运动包络之前，给出以下假设：

（1）假设所有子源的规模大小都是一致的，并且每个子源的震级 $M_i = 6$，这与 Well 和 Coppersmith（1994）中假设的子断层长度 $l \approx 10km$ 一致（Bose et al，2012），因此，子源的个数可以表示为 $N \approx L/l$；

（2）假设断层破裂的速度 $\vartheta_R = 2.9km/s$，每个子源处的延迟时间 $t_{delay} = l/\vartheta_R$，约 3.45s；

（3）假设 P 波速度为 $\vartheta_P = 6.05km/s$，S 波速度为 $\vartheta_S = 3.47km/s$；

（4）假设所有台站位置处的场地条件为基岩，在选用地震动包络模型时采用 Cua（2005）建立的基岩场地条件的垂直向加速度包络模型参数；

（5）假设断层破裂主方向 θ 为 15°，以正北向为起点，顺时针旋转为正。

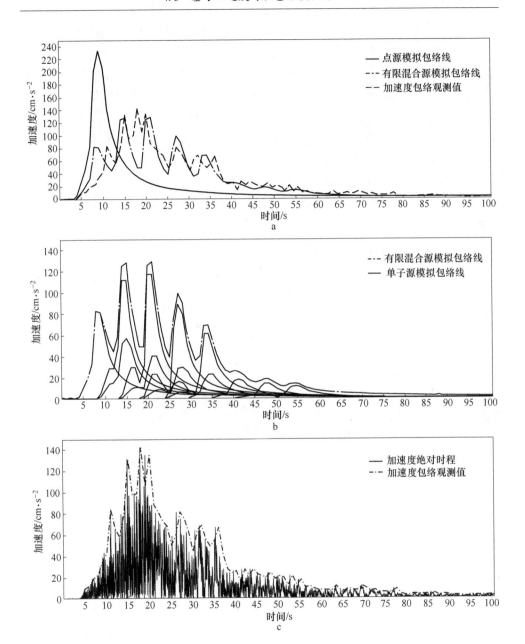

图 4-12 集集地震中台站 CH024 记录到的竖直向加速度记录

a—加速度包络观测值、有限混合源模拟包络和点源模拟包络对比；
b—有限混合源模拟包络和单子源模拟包络对比；c—加速度绝对时程和加速度包络观测值

根据以上假设及前述章节介绍，模拟各台站处的竖直向地震动加速度包络。图 4-12b 所示为使用子源模型模拟台站编号为 CH024 的竖直向加速度包络的示例，图中黑色实线表示每个子源（子源震级为 6，双侧破裂，从震中向北方向破裂 7 个子源，震中以南 4 个子源，如图 4-11 所示）的垂直加速度记录包络；图 4-12b 中实线为单个子源产生的包络的叠加，形成该台站最终的有限混合源模拟的包络。图 4-12a 所示为加速度包络观测值（虚线）、有限混合源模拟包络（点划线）和点源模拟包络（粗实线）对比，此处假设的点源与实际的震中位置及震级相同，从对比图中可看出，运用有限混合源模拟出的包络与实际加速度包络匹配完美程度远好于点源模拟出的包络。

B　混合子源模型包络与实际观测包络的对比

基于以上内容，选用合适的模型分别模拟 345 个台站位置处的竖直向加速度包络，该模型假设断层破裂主方向为 15°顺时针方向，断层由 11 个（震中以北 7 个，震中以南 4 个，图 4-13 中圆点所示）子源构成，并且假设每个子源之间相距 10km，分别模拟每个台站的包络，并与实际观测加速度包络进行比较，如图 4-13 所示。从图 4-13 中各台站处的有限混合源模拟包络（图中细实线）与实际加速度包络（图中粗实线）的对比中发现，该模型模拟的加速度包络与实际观测的加速度包络吻合较好。近震源台站的模拟包络随断层有限源的破裂过程的不同而存在一定的差异，但远源站的模拟包络与观测值整体吻合较好。

首先，分析近震源区台站（如台站编号分别为 TC072、TC075、TC076、TC089 和 TC078）处的垂直方向的模拟包络与实际观测包络的差异。从图 4-13 中台站编号为 TC072（距震中 21.45km）的包络时程图可以清晰地看出，模拟包络在前 10s 明显高于实际观测包络，但在地震发生 10s 之后，模拟包络又低于观测的包络，尤其是模拟包络峰值远高于观测包络峰值；再比如台站编号为 TC089（距震中 7.0km）亦表现出相似的现象，前 10s 模拟包络高于观测包络，地震发生 10s 后模拟包络又低于观测包络。这样的现象，同样出现在其他台站，如台站 TC076（距震中 16.0km）和台站 TC075（距震中 20.7km）。之所以出现这样的现象，是因为震源区最大加速度发生在震源时间后 10s，这一事实似乎表明震源区可能存在一定的断裂复杂性；也许在第一次破裂后 10s，在震中区域发生了一次早期余震，产生第二次破裂（Shin et al，2001；Ji，2003）。

其次，分析断层破裂主方向（震中以北）上的台站（如台站编号分别为 TC147、TC026 和 TC095）处的垂直方向上的模拟包络与实际观测包络的差异。从图 4-13 中台站编号为 TC147（距离震中 120.25km）的包络时程图可以看出，模拟包络峰值早于实际包络峰值出现，而模拟的包络时程与其他台站处的模拟包络，从形状上看区别较大，此处表现出单波峰形状，而其他台站处多为多波峰形式；编号为 TC026（距离震中 106.2km）也表现出相同的现象；同样的现象亦出现在破裂主方向上的其他台站处，如台站编号为 TC095。出现这样的现象，很有可能和方向性效应有关，模拟包络波峰出现的时间早于实测包络峰值，是因为考虑的 P 波传播时间和实际不同，还有原因就是主破裂或者较大破裂发生在震中附近。

再次，分析断层破裂的另一方向（与主方向相反的方向）上的台站（台站编号分别为 CH052、KA054、KA001、CH061 等）处的垂直方向上的模拟包络与实际观测包络的差异。从图 4-13 中台站编号为 KA054（距震中 64.5km）的包络时程图可以看出，模拟包络峰值晚于实际包络峰值出现，模拟包络峰值高于实际观测的包络峰值；台站编号为 CH052、KA001、CH061、CH034、CH041 和 CH074 也有同样的现象。

最后，分析断层破裂主方向上的台站包络峰值与另一方向（与主方向相反的方向）上的台站包络峰值，可以发现主方向上的包络峰值远高于与主方向相反的台站包络峰值。分析原因，应该是断层破裂方向性的影响，这与破裂前方区域峰值加速度高于破裂后方（与主方向相反的方向）区域的结论一致。同时分析远源地震台（如台站编号分别为 HW026、HW029、HW059、HW030、CH028、CH099 和 CH116 等）处的垂直方向上的模拟包络与实际观测包络的差异，从图 4-13 中台站编号为 CH116（距震中 112.53km）的包络时程图可以看出，模拟包络与实际观测包络基本保持一致；台站编号为 HW026（距震中 86.28km）的包络时程，模拟包络与实际观测包络基本保持一致；其他远源台站处的包络基本具有相似的现象。注意到图 4-13 中台站编号为 CH080（距震中 31.63km）处的垂直方向上的实际观测包络，峰值包络达到将近 $600\mathrm{cm/s^2}$，与其他台站处的峰值相差甚远，分析原因，该台站包络的突刺为异常记录（Shin et al，2001）；还有几处模拟包络与实际包络存在较大差异，如台站编号为 KA054、TC095 等，Shin 等（2001）认为这些大的脉冲可能是由一次次生断裂产生的。事实上，这与实际情况相符，集集地震的断层大概由三次破裂构成（Ji，2003）。

集集地震地震动包络的模拟结果表明，大震高频加速度包络可以用均匀分布且震级为 $M6.0$ 的子源的包络组合；并且模拟结果与实际包络相差不大，基本与实际相符。于是，可利用模拟包络的幅值预测地震动场（基于峰值加速度的仪器地震烈度场）的分布。

4.3.3 计算流程

为了提高计算效率和减少计算时间，简化计算步骤，在实际运用中同样假设每个子源的震级为 $M6.0$，每两个子源间相隔 10km，具体计算流程如图 4-14 所示。

地震发生后，可根据触发台站获取到的地震记录，确定出地震发生的位置（震中），实时确定地震震级（如第 2 章中震级的确定），实时确定断层破裂主方向和初始破裂点相对位置（见第 3 章所述）；如果震级值小于 6 级，则可按照点

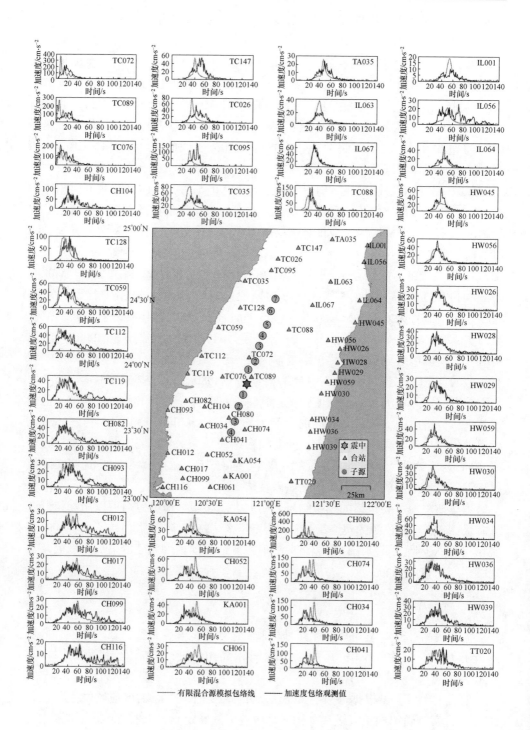

图 4-13　集集地震竖直向加速度包络与实际加速度包络对比

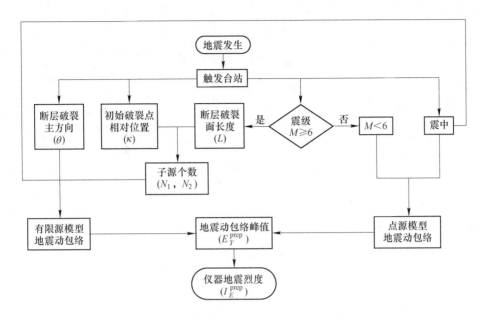

图 4-14 基于地震动时程包络模拟的方法计算流程

源模型，根据式（4-21）和式（4-22）模拟地震动包络，估计出地震动包络峰值（E_Y^{prep}，Y 为加速度或速度包络），进而可根据式（4-10）和式（4-11）计算出仪器地震烈度值，最终给出地震动场的分布；如果震级值大于等于 6 级，则可按照有限源模型模拟地震动包络，基于实时确定的震级 M 值和断层面 L 的长度关系式(3-5)及实时确定出的初始破裂点相对位置 κ，可以给出断层破裂主方向上的断层长度 $L' = \kappa L$，若假设每个子源相隔 10km，则 $N_1 = L'/10$，$N_2 = L(1-\kappa)/10$，考虑实时确定的断层破裂主方向，可按式（4-21）和式（4-22）确定出地震动包络，给出包络的峰值（E_Y^{prep}），最后可实时确定出地震动场（仪器地震烈度场）的分布。

4.3.4 应用实例：2008 年 5 月 12 日中国四川汶川 M_S8.0 级地震

利用上述方法实时模拟估计 2008 年 5 月 12 日中国四川汶川 M_S8.0 级地震地震动场的分布。首先据第 2 章震级确定方法，实时确定此次地震的预警震级（图 4-15a），据第 3 章断层破裂主方向和初始破裂点相对位置的计算方法，实时确定汶川地震破裂的主方向（图 4-15b）和初始破裂点相对位置（图 4-15c），最终结果如图 4-15 所示；据矩震级与断层长度的统计关系（式（3-4）），部分计算结果见表 4-1。

基于加速度包络模拟方法的计算流程（图 4-14），实时模拟地震动包络，确定包络幅值，最终给出仪器地震烈度场（图 4-16）。从图 4-16 中可以清晰地看出仪器地震烈度场的分布范围，其中图 4-16a ~ f 分别模拟的是震后 6s、10s、16s、

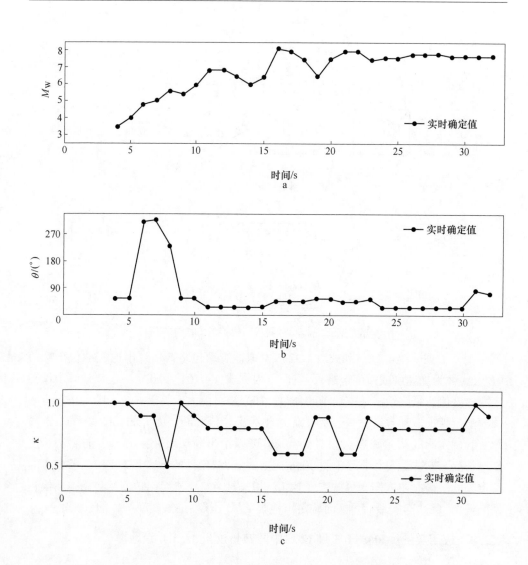

图 4-15　2008 年 5 月 12 日中国汶川 M_W7.9 级实时确定震级、
断层破裂方向角和初始破裂点相对位置

a—实时确定矩震级；b—断层破裂方向角；c—初始破裂点相对位置

20s、26s 和 32s，前 10s 时估算震级较小，根据关系式估计的断层长度也小，进而估算的地震动场的分布与基于点源模型的传统方法估计结果接近，但随着震级值的增加、断层长度增加及断层破裂主方向的确定，估计的地震动场更接近与真实情况（图 4-16c～f），尽管有一定的差别，但综合考虑了断层破裂主方向和破裂方式（单侧破裂或双侧破裂），整体与图 4-4 基于传统方法估计的地震动场的分布相比，估算效果较好，而且能反应断层破裂的长度和方向。

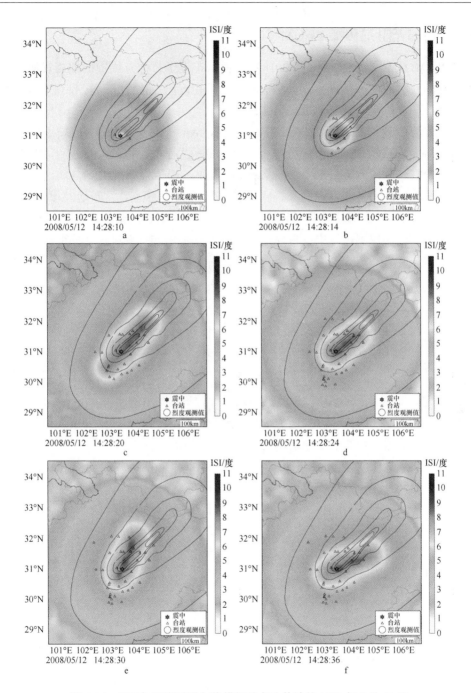

图 4-16　基于加速度时程包络模拟的方法估计的 2008 年 5 月 12 日
中国汶川 $M_W 7.9$ 级地震仪器地震烈度影响场分布

a—t_{after} = 6s；b—t_{after} = 10s；c—t_{after} = 16s；d—t_{after} = 20s；e—t_{after} = 26s；f—t_{after} = 32s

4.4　局部无阻尼传播 PLUM 方法

PLUM 方法（Kodera et al，2018）是根据布设于目标点周围的地震观测台站观测到的地震烈度来估计目标点的地震烈度。在观测点连续实时接收到地震烈度的条件下，可以实时连续地进行估计计算。

该方法由地面运动预测（ground-motion prediction，GMP）和地震事件构造（event construction，EC）两部分组成。在 GMP 过程中，PLUM 方法利用观测到的实时地震烈度预测各目标点的地震烈度；EC 过程是根据观测到的实时地震烈度处理地震事件的发布、识别和终止。如果预警系统不需要发布地震事件信息，而只需发布 EEW 预警信息及实时估计地震动场时，则不需要 EC 过程。

在地面运动预测过程中，目标点的地震烈度可由式（4-24）计算得到：

$$I_{\mathrm{pred}}^{(k)} = \max_{i \in C_R} \left\{ Ir_{\mathrm{obs}}^{(i)} - F_{\mathrm{o}}^{(i)} \right\} + F_{\mathrm{o}}^{(k)} \tag{4-24}$$

式中　i，k——空间位置；

　　　$I_{\mathrm{pred}}^{(k)}$ ——预测点 k 处的地震烈度的预测值；

　　　$Ir_{\mathrm{obs}}^{(i)}$ ——观测台站 i 处的实时地震烈度的观测值；

$F_{\mathrm{o}}^{(i)}$，$F_{\mathrm{o}}^{(k)}$ ——分别为空间点 i 和 k 处的场地放大系数，直接用地震烈度单位表示；

　　　C_R ——以 R 为半径以预测点为圆心的圆形区域。

在考虑场地效应后，以半径为 R 的圆形区域内实测地震烈度的最大值作为目标场地的地震烈度预测值，原理示意图如图 4-17 所示。

Hoshiba（2013）研究表明，当预测点和观察点之间的距离与震源距离相比足够短时，均匀介质中的基尔霍夫-菲涅耳积分（Shearer，2009）可简化为式（4-24），并且引起位于地震波传播方向上的预测点处的震动较为严重。式（4-24）的物理意义可以理解为在半径 R 足够小的条件下，强地面运动可以在半径 R 范围内传播而不衰减。既可以根据经验方法确定半径 R，也可以根据观测网络的空间间隔来确定。因此，最大可用预警时间（t_{EEW}）可用式（4-25）粗略计算得到：

$$t_{\mathrm{EEW}} = (R/\vartheta_{\mathrm{S}}) - \Delta t_{\mathrm{SD}} \tag{4-25}$$

式中　ϑ_{S} ——地震动 S 波速度；

　　　Δt_{SD} ——系统延迟时间。

因为该方法要求在计算中假设 R 必须足够小，所以不能期望有太长的预警时间。原则上，基于式（4-24）估计的地面运动不可能遗漏强震，除非地震发生在台站覆盖稀疏的地区，以致台站无法检测到强烈的地面运动。

在日本实际运用中，将式（4-25）中的 R 设为 30km，近似等于 JMA 强震计

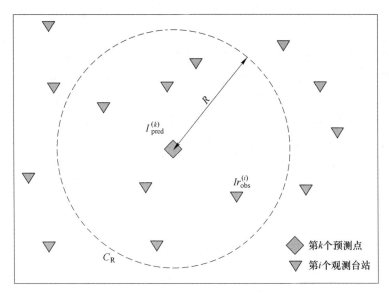

图 4-17　PLUM 方法中地面运动预测过程示意图

和 JMA 地震烈度计相结合的台网的平均空间间隔。如果假定 S 波波速等于 3km/s，系统延迟时间 Δt_{SD} 为 0s，即理想状态时没有系统延时，根据 Iwakiri 等 (2011) 研究提供的场地条件影响因子，预期可用预警时间为 10s。

在利用靠近目标地点的观测台站进行地震烈度估计方面，PLUM 方法中的地面运动预测过程可能与现地地震预警方法 (Nakamura，1988；Allen et al，2003；Kanamori，2005；Parolai et al，2015) 类似。然而，PLUM 方法与现地方法有几个不同之处。首先，PLUM 方法的基本概念来源于区域 EEW 方法。Hoshiba (2013) 提出的不基于地震的基本参数的地震预警设想的方法是一种区域方法，该方法结合多台站观测数据，估计地震波场运动及预测地震波场的时间演化。PLUM 方法也是利用多个台站估计地震波场 (假设平面波向目标点进行传播)，因此，PLUM 方法可以算是一种区域预警方法，而不是现地预警方法。其次，PLUM 方法使用实时观测数据的时程记录连续预测地面运动，而传统的现地预警方法使用地震信号的初始部分，只有在方法识别地震发生时才能提供地震动的预测。

4.4.1　区域网格划分

某个指定地区或区域，如整个中国，或者某个省、市等，布置的地震台站的位置是固定的。也就是说某个固定的地震台站监测 (影响) 的区域是固定的，以及该区域内所有台站的数目和位置是固定的。如果对某一区域进行地震预警或烈度场预测，只需判断该区域内的台站是否触发，然后根据触发台站记录到的地震数据预测对应区域的地震烈度。因此可考虑将一定的地区或区域进行网格划分。

　　将一定区域按水平向和竖直向以划分为若干个等间距网格，且对应的增量（空间网格步长）为 R，如图 4-18 所示。同样可认为在网格步长 R 很小的条件下，强地面运动在区域 R 范围内传播而不衰减。在确定 R 时，可以根据经验方法或根据观测台站网络的空间间隔（台间距）来确定，图中 C_R 表示以 R 为边长的方形区域，取每个方形区域的中心点位置（经纬度坐标）为预测点，该预测点处的预测烈度由该区域内的台站的实时观测值来确定。

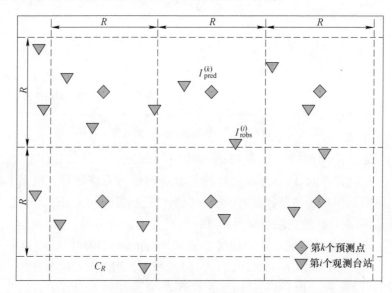

图 4-18　区域网格划分及 PLUM 方法中地震动预测过程示意图

4.4.2　计算流程

　　台站在地震发生后 t 时刻接收到地震波并记录到地震动数据，然后根据该触发台站的编号（台站名），判断该触发台站所监测的网格区域（1，2，…，k）；然后判断该网格区域内所有的地震台站（1，2，…，i）是否触发，进而根据触发台站记录到的地震动记录求出实时观测仪器地震烈度 Ir_{obs}，最后求出地震发生后 t 时刻时该区域内的预测仪器地震烈度 I_{pred}，据式（4-26）计算：

$$I_{predk}^{t} = \max(Ir_{obs1}^{t}，\cdots，Ir_{obsi}^{t}) \qquad (4\text{-}26)$$

式中　　t——地震发生后 t 时刻；

　　　　k——区域网格的序号；

　　　　i——第 k 个区域网格内对应的台站序号；

　　　　Ir_{obsi}^{t}——第 t 时刻时，第 k 个区域网格中第 i 个触发台站记录到的地震动记录计算到的实时观测仪器地震烈度；

$I_{\mathrm{pred}k}^{t}$ ——第 t 时刻时，第 k 个区域网格的实时预测仪器地震烈度。

具体流程如图 4-19 所示。

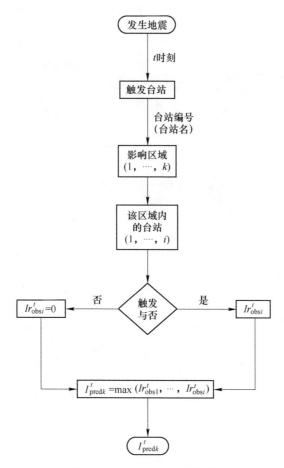

图 4-19　PLUM 方法计算流程

4.4.3　应用实例

4.4.3.1　实例 1：2011 年 3 月 11 日 Tohoku-Oki M_{W}9.0 级地震

基于 PLUM 方法，实时估计 2011 年 3 月 11 日 Tohoku-Oki M_{W}9.0 仪器地震烈度场的分布。

首先对日本整个陆地地区以经纬度 0.3°（水平向约 31km，竖直向约 33km）的空间步长进行网格划分（图 4-20），一共划分为 423 个网格，取网格的中心点共计 417 个点为目标点（图 4-20 中圆点）。基于 701 个 Kik-net 台站（图 4-20 中三角形）获取到的三分向地震动加速度记录（台站触发的先后顺序以理论 P 波到时为准），利用 PLUM 方法实时估算预测（目标）点的仪器地震烈度，模拟仿真的时间是从地震发生时刻开始一直持续 180s，这大约相当于一次 $M9.0$ 级地震破裂持续的时间（Utsu，2001），每秒钟更新 1 次预测结果。

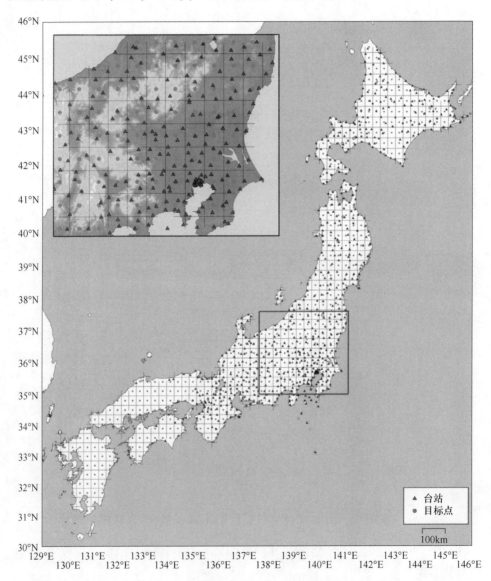

图 4-20　日本网格划分及台站分布示意图

图 4-21 所示为通过网格划分运用 PLUM 方法计算的 2011 年 3 月 11 日

Tohoku-Oki M_W9.0 级地震实时仪器地震烈度场的分布，图 4-21a ~ d 分别为模拟地震发生后第 36s、56s、86s 和 106s，从图中可以清晰地看出，基本符合此次地震烈度场的真实分布，随着时间的增加，目标点预警范围也越随之增大。

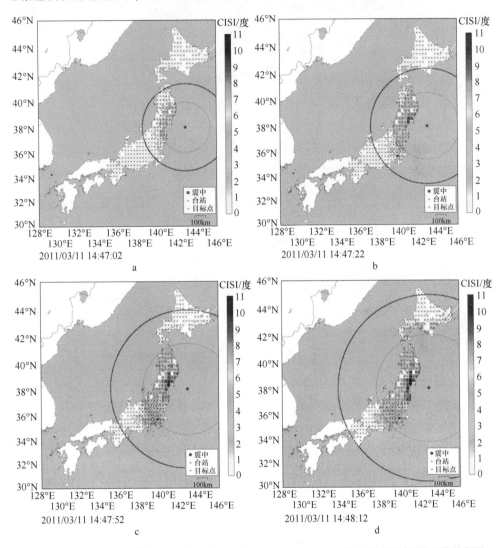

图 4-21 PLUM 方法计算 2011 年 3 月 11 日 Tohoku-Oki M_W9.0 级地震实时仪器地震烈度图

a—t_{after} = 36s；b—t_{after} = 56s；c—t_{after} = 86s；d—t_{after} = 106s

选择 4 个网格为示例（图 4-22），分析通过网格划分后基于 PLUM 方法估算的仪器地震烈度效果，其中图 4-22a 所示为选择的 4 个网格示例区及布置于该网格区内的台站，图中方框阴影区为网格示例区；图 4-22b 所示为在 4 个网格示例区和观测台站实时观测地震烈度的时间序列。

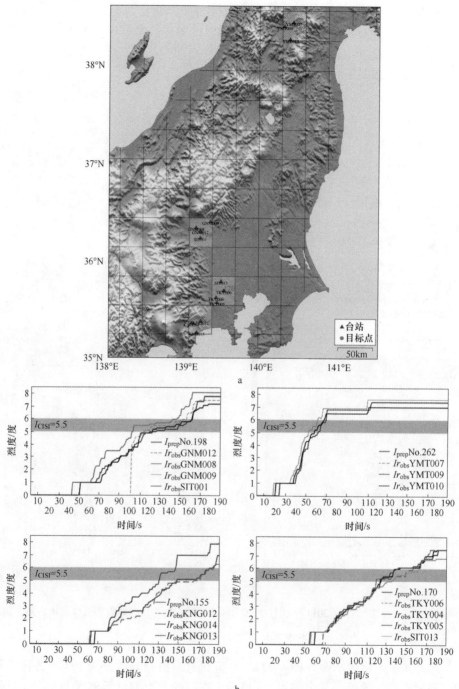

图 4-22　2011 年 3 月 11 日 Tohoku-Oki M_W 9.0 级地震示例范围

示意图及新的 PLUM 预测 ISI 随时间的变化

a—网格划分及所选示例范围示意图；b—新的 PLUM 计算所选示例范围内的 ISI 随时间的变化

图 4-22a 所示为编号为 170 的网格（图 4-22b 中实线），该示例区的地震烈度由 4 个台站（SIT013、TKY006、TKY004 和 TKY005）的实时地震烈度观测值预测共同得到。台站 TKY006 在震后 135s 实时地震烈度观测值达到 5.5 度（图 4-22b），而编号为 170 的网格示例区利用台站 TKY004 的实时地震烈度观测值到达 5.5 度时（震后 125s 左右）已经预测到地震烈度达到 5.5 度，PLUM 方法对该网格示例区完成了预测。在此过程中，并没有考虑波的传播，只把通过目标场地的地震波用于预测。同样，编号为 155 的网格示例区内的地震烈度由 4 个台站进行预测，且在震后 131s 时地震烈度达到 5.5 度（由台站 KNG013 实时观察得到），而与网格示例区中心点相同的台站 KNG012 在震后约 173s 时才观测到地震烈度达到 5.5 度，这说明 PLUM 方法对该网格示例区提前 42s 完成了预测；编号为 198 的网格示例区的地震烈度由 4 个台站进行预测，且在震后 104s 时地震烈度达到 5.5 度（由台站 GNM009 实时观察得到），而与网格示例区中心点相同的台站 GNM012 在震后约 121s 时才观测到地震烈度达到 5.5 度，也就是说由 PLUM 方法为编号为 198 的网格示例区提前约 17s 预警；编号为 262 的网格示例区的地震烈度由 3 个台站进行预测，且在震后 56s 时地震烈度达到 5.5 度（由台站 YMT007 实时观察得到），与网格示例区中心点相同的台站 YMT007 相同。

从预测精度和有效预警时间两个方面评价 PLUM 方法在 Tohoku-Oki M_W9.0 级地震中的表现。在模拟 PLUM 方法时，没有考虑系统延迟时间，而在 JMA 地震系统中，系统延迟时间约为 1.2~1.7s，这个近似时间是基于如下假设：

（1）地震台站根据地震动记录实时计算地震烈度的计算时间约为 1.0s；

（2）系统地震台网的数据传输时间延迟为 0.1~0.5s；

（3）系统的计算和发布消息时间延迟为 0.1~0.2s。

传统预警方法是在探测到地震发生后 8s 对 Tohoku 地区发布预警信息，由于利用 P 波初始信息与震级的预测关系（Kamigaichi，2004；Aketagawa et al，2010）高估了地震震级，实际发布的预警信息并没有出现盲区（S 波到达之后才接收到预警信息的范围）。但是，传统方法在地震发生时刻后 60s 才开始更新预警区域，其实 JMA 地震预警系统在此次地震中实际运行期间，之所以没有向公众发布更新后的预警信息，是因为 JMA 规定探测到地震发生超过 60s 后，禁止发布预警信息，这样做的目的是避免过度延迟预警，以免引起公众混淆地震信息。在最终的地震动预测中，由于地震震级的低估和有限断层的影响，传统地震预警方法在许多地区仍然低估了地震烈度。预测偏低程度最高的区域出现在 Kanto 地区，该地区是离有限断层最近但离震中最远的区域之一的地区。

　　与传统方法发布的第一报预警信息相比，PLUM 方法并没有预测到强地震动，因为当时系统并没有观察到强地震动。地震发生后 27s 时，当 S 波开始袭击Tohoku 地区并引起强烈震动时，PLUM 方法发出了第一次预警信息。地震发生后60s 时，尽管 PLUM 方法的预警区域大小与传统方法相当，但与传统方法相比，PLUM 方法准确预测了 Tohoku 地区较强的地震动。随后，PLUM 方法并没有低估Tohoku 地区的地震烈度，如 106s 时的仪器地震烈度分布。

　　PLUM 方法估计了许多地区在 S 波到达后烈度达到了较高烈度（如 JMA 烈度5 度弱），但这并不意味着 PLUM 方法对这些区域的预测已经太晚，因为实际观测到的 5 度弱以上的地震烈度也是在 S 波到达几十秒后出现的（Asano et al，2012）。Asano 等（2012）还指出 Tohoku 地区强烈震动出现在检测到地震后24.1s 和 65.4s 分别由断层面上的两个强地震动生成区（strong-motion generationareas，SMGAs（Miyake et al，2003））引起的。

　　PLUM 方法对此次地震的预测精度较高，并没有高估地震动场，并且没有低估距离震中相对较远的关东地区的地震动强度，成功地解决了 JMA 地震预警系统在此次地震中严重低估关东地区地震动强度的问题。另外，PLUM 方法预测地震动的时效性应根据强地震动生成区引起的高地震度出现时间来评价，而不是根据 S 波到达时间来评价（Kodera et al，2018），因为地面运动预测的时效性可基于强运动观测时间的度量方法来量化。

4.4.3.2　实例 2：2008 年 6 月 14 日岩手宫城 M_W7.2 级地震

　　日本气象厅在 2008 年 6 月 14 日岩手宫城 M_W7.2 级地震中，在地震检测后4.5s，通过电视等媒体对部分区域发布了地震预警信息，并对后续几次大的余震进行了预警。采用图 4-20 所示的网格划分方式，选择此次地震中台站记录到的三分向加速度时程，按照 PLUM 方法计算流程（图 4-19），实时估计此次地震的仪器地震烈度场分布，结果如图 4-23 所示，图 4-23a~f 分别为实时估计地震发生后第 16s、26s、36s、46s、56s 和 66s 的仪器烈度分布，从图中可看出，基本符合实际情况（根据理论 P 波、S 波计算）。

　　选择 6 个网格为示例（图 4-24），进行分析。图 4-24a 所示为所选择的 6 个网格示例区及布于该网格区内的台站，图中方框阴影区为网格示例区；图 4-24b所示为在 6 个网格示例区和观测台站实时观测的地震烈度随时间的变化序列，同时可从每幅图中看出预测场点处的实时地震烈度观测值（黑线）与通过式

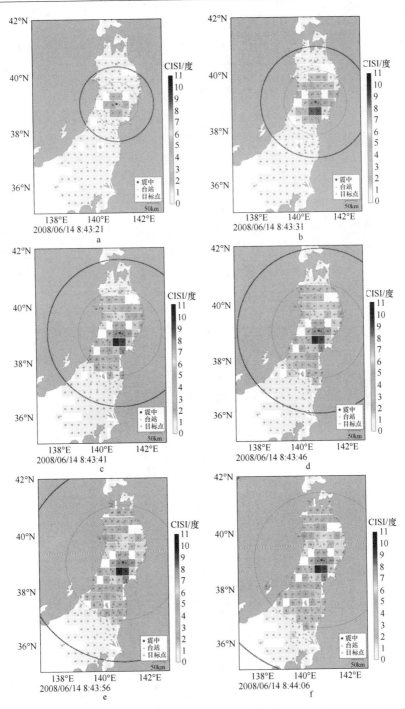

图 4-23 PLUM 方法计算 2008 年 6 月 14 日岩手宫城 M_W7.2 级地震实时 ISI 图

a—t_{after} = 16s；b—t_{after} = 26s；c—t_{after} = 36s；

d—t_{after} = 46s；e—t_{after} = 56s；f—t_{after} = 66s

（4-26）计算得出的地震烈度预测值随时间的变化。

图 4-24a 中编号为 267 的网格示例区的地震烈度（图中点横线）由该区域内 3 个台站（YMT017、YMT002 和 YMT006）的实时地震烈度观测值预测得到。台站 YMT006 在震后 37s 实时地震烈度观测值达到 5.5 度（图 4-24b 中实线），而编号为 267 的网格示例区利用台站 YMT017 的实时地震烈度观测值（图 4-24b 中黑色实线）到达 5.5 度时（震后 31s 左右）已经预测到地震烈度达到 5.5 度，PLUM 方法对该网格示例区完成了预测；同样编号为 264 的网格示例区内的地震烈度（图 4-24b 中点横线）由 3 个台站进行预测，且在震后 31s 时达到 5.5 度（由台站 MYG009 实时观察得到，图中实线），而台站 MYG013 在震后约 37s 时才观测到地震烈度达到 5.5 度（图中黑色虚线）；编号为 279 的网格示例区的地震烈度（图 4-24b 中点横线）由 2 个台站进行预测，且在震后 22s 时地震烈度达到 5.5 度（由台站 IWT015 实时观察得到，图中黑色实线），而台站 AKT017 在震后约 26s 时才观测到地震烈度达到 5.5 度。

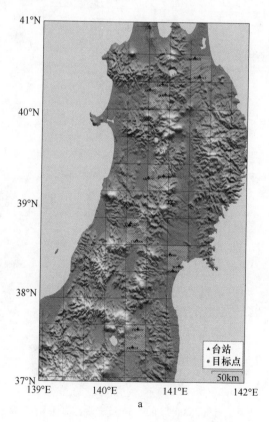

a

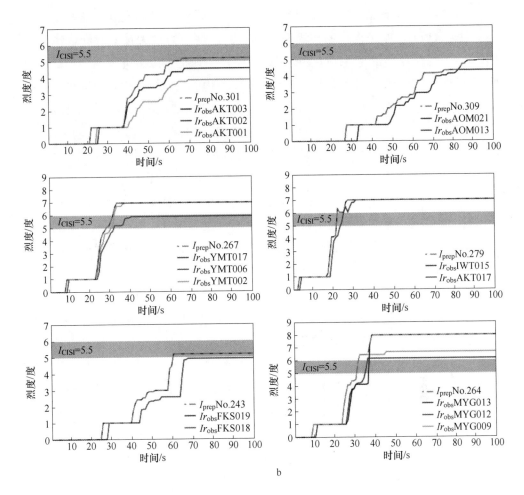

图 4-24　2008 年 6 月 14 日岩手宫城 M_W7.2 级地震示例范围示意图及
新的 PLUM 预测 ISI 随时间的变化

a—网格划分及所选示例范围示意图；b—新的 PLUM 计算所选示例范围内的 ISI 随时间的变化

4.5　混合方法

4.5.1　混合方法的提出

通过对基于 PLUM 方法实时估计仪器地震烈度场分布的实例分析，可以看出 PLUM 方法有可能成为增强实用性地震预警系统性能的有效的地震动场实时估计的一种补充方法。由于 PLUM 方法预测过程简单，只依赖于当前观测资料且不需要地震的基本参数就可实时估计出地震动场的分布；在多震同发等复杂的情况下，也可以估计出较精确的地震动场，尤其针对有限断层引起的活动强烈的大地震。但是，PLUM 方法提供的预警时间不长，这是因为最大预警时间取决于式 (4-25) 中的预警半径 R；有过度预测的风险，尤其是震源附近观测到局部较高地震强度时，因为该方法假设地震波在一定范围内无衰减，当台站检测到地震动的局部峰值时，PLUM 方法会过度预测，未检测到局部峰值时，会低估地震动。相反，传统预警方法一般情况下可提供较长的预警时间，但是在复杂的情况下，可能会发布不准确的预警信息，甚至漏报较强地震信息。因此，如果结合 PLUM 方法与传统方法，既能最大限度地保留传统方法提供的较长预警时间，也能利用 PLUM 方法解决漏报问题，总体提高预警系统的性能。如传统方法在地震早期估计出精准的震源参数后，混合方法可基于这些参数估计出地震动分布，得到更长的预警时间；如果传统方法低估和漏估了强地震动，基于 PLUM 的混合方法就可以实时更新地震动预测信息。

如果采用混合方法估计地震动场时，尤其估计大地震的地震动场，在预测精度和有效预警时间方面可能会表现出较高的性能。因为混合方法可以解决点源模型面临的相关的技术挑战，如漏报问题；同时，对于预测多地震同时发生时的强运动也将非常有效，因为 PLUM 方法仅通过监测观测到的实时地震烈度来预测地震动场的分布，不会出现点源模型中触发台站数据分类错误等技术问题，并且多次同时发生的地震不会降低该方法的性能。

另外，EEW 用户对于虚假的预警消息的容忍度较高，而对于漏报的容忍度很低。也就是说，EEW 用户可以容忍发布虚假的预警消息（高估或低估），但是绝不容忍地震预警系统对于潜在的破坏性地震的漏报情况的发生。因此为解决漏报问题，在优化地震预警方法时，可采用混合方法，既考虑震源信息，又考虑其他情况。即使地震定位错误或者震级估计偏低，混合方法也能够从 PLUM 方法中得到地震动预测信息。

因此，若采用混合方法，既可解决采用传统方法错误定位震源位置和确定震级导致地震动错误估计的问题，也可解决漏报的问题。但若实际中运用基于 PLUM 的混合方法时，需要检查由传统方法确定出的震源参数估计值的可靠性。

4.5.2　混合方法计算流程

在实施基于 PLUM 的混合方法之前，依然需要对某一区域或地区进行网格划分，如 4.4.2 节所述，取每个方形区域的中心点位置（经纬度坐标）为预测点，因此，对于网格划分后的特定地区，网格（方形区域的中心点）和台站地理位置坐标是固定的。

于是，对于地震发生后某 t 时刻，如果某个地震台站接收到地震波，台站触发，获取到地震动记录后，可以进行以下工作。

（1）基于 PLUM 方法计算仪器地震烈度：$I_{\mathrm{PLUM}}^{\mathrm{prep}}$。

根据触发的台站编号（台站名），判断该触发台站监测的网格区域（1，2，…，m）；然后判断该网格区域内所有台站（1，2，…，n）是否触发，进而根据触发台站记录到的地震动记录求出实时观测仪器地震烈度 Ir_{obs}，最后求出台站所在区域的最终仪器地震烈度 $I_{\mathrm{PLUM}}^{\mathrm{prep}}$，具体计算过程如图 4-19 所示。

（2）基于触发台站信息，确定地震发生的位置。

（3）基于获取到的地震记录，据第 2 章内容，实时确定地震的预警震级。

（4）基于台站信息和地震记录，据第 3 章中第 3.6 节和 3.7 节，确定大震断层破裂主方向 θ 和初始破裂点相对位置 κ，进而可根据断层的尺寸与矩震级 M_{W} 的统计关系式（Coppersmith，1994）确定出断层破裂的长度 L 和宽度 W。

（5）基于加速度时程包络模拟的方法实时估计地震动场：基于网格地理位置坐标、断层破裂主方向 θ、断层破裂的长度 L 和震中位置等信息，实时模拟各目标点（网格位置点）处的加速度包络，根据仪器地震烈度的实时计算过程（见 4.2.2 节），求出预测点处的仪器地震烈度预测值 I_{E}^{prep}。

最后，据式（4-27）可预测出该目标区最终的仪器地震烈度值：

$$I = \max(I_{\mathrm{PLUM}}^{\mathrm{prep}},\ I_{E}^{\mathrm{prep}}) \tag{4-27}$$

式中　I——最终的仪器地震烈度实时估计值；

$I_{\mathrm{PLUM}}^{\mathrm{prep}}$——基于 PLUM 方法的仪器地震烈度实时估计值；

I_{E}^{prep}——基于加速度包络模拟的方法的仪器地震烈度实时估计值。

基于加速度包络模拟方法和 PLUM 方法的混合方法的具体计算流程如图 4-25 所示，按照该计算流程，最终可实时估计出地震动场（仪器地震烈度场）的预测范围。

4.5.3　应用实例：1999 年 9 月 21 日中国台湾集集 M_{W}7.6 级地震

北京时间 1999 年 9 月 21 日 01 时 47 分 12.6 秒（1999 年 9 月 20 日 17：47：18.49，UTC），中国台湾中部南投县集集镇发生了 M_{W}7.6 级地震，震源深度约 8km。此次地震是由位于台湾西部麓山带已知的活动断层车笼埔南北走向逆冲断层的活动诱发引起的，断层的初始破裂点（震中）位于 120.82°E，北纬 23.85°N，在西部麓山带和滨海平原的接触带形成了长达 100km，其中近南北向约

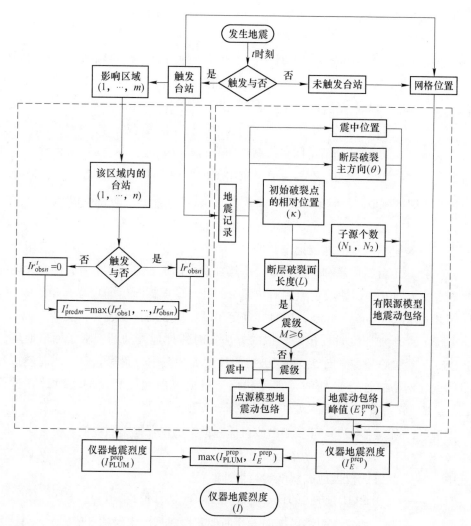

图 4-25　混合方法计算流程

85km，在丰原东北部转为近东西向约 15km（Chen et al，2001），宽约 50km 的巨大的地表断裂面，造成了垂直向和水平向最大位移分别达 4m 和 9m 的巨大地表形变（王卫民 等，2005）。GCMT Project 给出此次地震的震源机制解（表 4-4），断层类型为逆冲型。此次地震，是近百年来中国台湾岛内陆地区活动性最强烈、破坏最严重的一次地震，造成了惨重的人员伤亡（2321 人死亡，39 人失踪和8722 人受伤）和巨额财产损失，台湾中部受灾尤为严重。地震过程中，台湾气象局密集地布置于全岛约四百多台数字强震观测仪获取到了四百多条的三分向强震动时程记录，收集到了较为丰富的地震观测资料，为科学研究提供了丰富的强震资料。

表 4-4　1999 年 9 月 21 日中国台湾集集 M_W7.6 级地震 CMT 震源机制解

矩震级	断层界面 I /(°)			断层界面 II /(°)		
	走向	倾角	滑动角	走向	倾角	滑动角
M_W7.6	37	25	96	211	65	87

基于这些地震动时程记录，按照 2.2.2 节的内容对此次地震的加速度记录进行处理，如基线校正、滤波等；计算每个地震台站的震中距和震源距；采用长短时平均法（STA/LTA）与 AIC 准则相结合方法，自动识别垂直（UD）向加速度时程记录的 P 波震相及到时，为确保 P 波到时的准确性，进行人工 P 波到时捡拾处理，与自动捡拾结果进行对比、校核，少数情况下自动捡拾结果与人工捡拾结果相差较大，以人工捡拾结果为准；人为假定实际地震台站是按照理论 P 波到时（图 4-26）先后顺序进行触发。

根据 2.5 节的内容实时确定此次地震的预警震级，如表 4-5 和图 4-27 所示，从图中可看出，随着可用地震数据的增加及时间的增长，实时计算的预警震级基本趋于稳定，稳定值为 7.2，与最终实际值 7.6 相差 0.4 个震级单位。

根据 3.6 节的方法，分别基于不同的峰值参数（峰值加速度、峰值速度和峰值位移）快速确定此次地震断层破裂主方向和初始破裂点相对位置，计算结果如表 4-5 和图 4-28 所示。图 4-28 中实点表示基于参数 P_a 计算的结果，三角形表示基于参数 P_v 计算的结果，方形表示基于参数 P_d 计算的结果，五角星表示各时刻点对应的均值，以平均值作为断层破裂方向实时确定值，并与图中实线表示的集集地震断层地表投影面的破裂方向参考值（Ji et al，2003）进行比较，从图中可看出，实时确定值在 18s 后基本趋于稳定（41°左右），与 Ji 等（2003）给出的 30°的参考值相差 11°左右，两者基本一致，表 4-5 中的断层破裂长度基于断层长度与矩震级的统计关系式（3-5）得到。

表 4-5　1999 年 9 月 21 日中国台湾集集 M_W7.6 地震震级、断层破裂主方向、初始破裂点相对位置及断层长度随时间变化的计算结果

时间 /s	M_W	θ/(°)				κ				L /km
		P_a	P_v	P_d	平均值	P_a	P_v	P_d	平均值	
6	6.4	0	0	0	0	0.5	0.5	1	0.67	22.80
16	7.6	30	35	40	35	0.6	0.7	0.6	0.63	110.15
26	7.2	42	38	38	39.3	0.65	0.7	0.55	0.63	65.16
36	7.2	40	43	40	41	0.65	0.7	0.55	0.63	65.16
46	7.2	40	43	42	41.7	0.65	0.7	0.55	0.63	65.16
56	7.2	40	43	40	41	0.65	0.7	0.55	0.63	65.16

注：θ 以正北向为正，顺时针旋转。

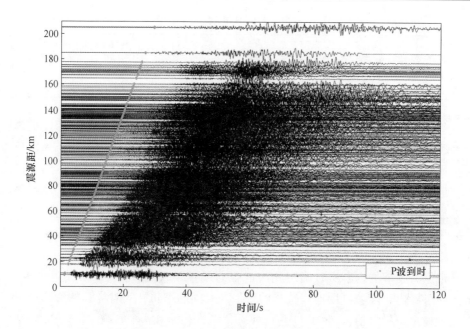

图 4-26   1999 年 9 月 21 日中国台湾集集地震垂直
向加速度时程及理论 P 波到时图

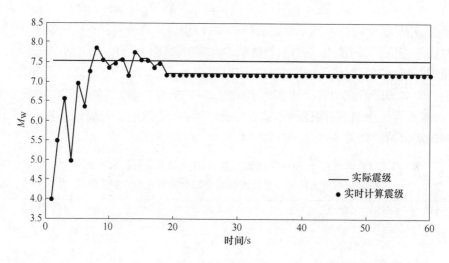

图 4-27   1999 年 9 月 21 日中国台湾集集 M_{W}7.6 级地震实时预警震级随时间的变化

按照第 4.4.1 节所述网格划分方式，对台湾岛内陆地区按照空间步长为 0.3°
（水平向约 31km，竖直向约 33km）进行网格划分，共划分为 44 个区域，以网格
的中心点为目标预测点，部分海岸线附近网格的中心点若在海域上，则取海岸线
上的点作为目标点。

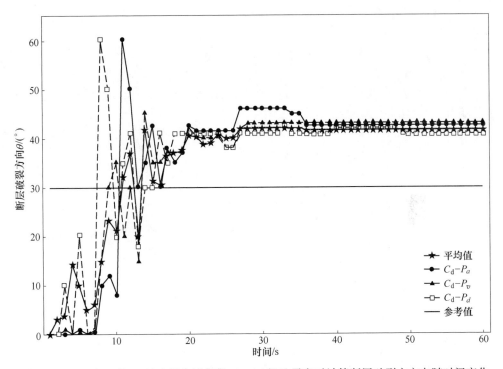

图 4-28　1999 年 9 月 21 日中国台湾集集 M_W7.6 级地震实时计算断层破裂主方向随时间变化

运用 PLUM 方法、基于加速度时程包络模拟的方法和混合方法分别实时估计每秒的仪器地震烈度，模拟仿真的时间是从地震发生时刻开始一直持续 90s。分别比较基于 PLUM 方法、基于加速度包络模拟方法和混合方法实时计算的仪器地震烈度场分布，可知混合方法能够很好地给出仪器地震烈度场的分布，并弥补了基于加速度包络模拟有限断层方法和 PLUM 方法的缺点，最大化了各自的优点，两种方法结合，扬长避短、相辅相成，提高了预测精度，无论台站是否密集，均可给出较为精确的烈度场分布。

参 考 文 献

[1] 大崎顺彦 . 2008. 地震动的谱分析入门（第二版）[M].田琪,译 . 北京：地震出版社 .

[2] 邓起东 . 2008. 关于四川汶川 8.0 级地震的思考[J].地震地质,30（4）：811-827.

[3] 郭凯，温瑞智，杨大克，等 . 2016. 地震预警系统的效能评估和社会效益分析[J].地震学报(1)：146-154.

[4] 韩竹军，Nicola Litchfield，冉洪流，等 . 2017. 新西兰 2016 年凯库拉 M_W7.8 地震地表破裂带特征初析[J].地震地质,39（4）：675-688.

[5] 霍俊荣 . 1989. 近场强地面运动衰减规律的研究[D].哈尔滨:中国地震局工程力学研究所 .

[6] 金星，马强，李山有 . 2005. 利用数字强震仪记录实时仿真地动位移[J].地震学报,27（1）：79-85.

[7] 金星，马强，李山有 . 2004. 利用数字强震仪记录实时仿真地动速度[J].地震工程与工程振动,24（1）：49-54.

[8] 金星，张红才，李军，等 . 2012. 地震预警震级确定方法研究[J].地震学报,34（5）：593-610.

[9] 康兰池，金星，陈惠芳，等 . 2014. 利用 PGA 快速确定汶川地震破裂特征[J].地震地质(2)：312-321.

[10] 康兰池，金星 . 2009. 四川地区地震动峰值衰减规律研究[J].地震学报,31（4）：403-410.

[11] 李山有，金星，马强，等 . 2004. 地震预警系统与智能应急控制系统研究[J].世界地震工程,20（4）：21-26.

[12] 李山有 . 2018. 走近地震预警[J].防灾博览(2)：14-23.

[13] 李拴虎，陈立峰，姚远，等 . 2017. 现代地震预警系统中的时间延迟效应分析[J].地震工程学报,39（4）：790-796.

[14] 刘杰，易桂喜，张致伟，等 . 2013. 2013 年 4 月 20 日四川芦山 M7.0 级地震介绍[J].地球物理学报,56（4）：1404-1407.

[15] 马强，金星，李山有 . 2003. 单自由度系统地震动力反应的实时计算方法[J].地震工程与工程振动,23（5）：61-68.

[16] 马强 . 2008. 地震预警技术研究及应用[D].哈尔滨:中国地震局工程力学研究所 .

[17] 宋晋东，教聪聪，李山有，等 . 2018b. 一种基于地震早期辐射 P 波能量的高速铁路Ⅰ级地震警报预测方法[J].振动与冲击,37（19）：14-23.

[18] 宋晋东，教聪聪，李山有，等 . 2018a. 基于地震 P 波双参数阈值的高速铁路Ⅰ级地震警报预测方法[J].中国铁道科学(1)：138-144.

[19] 宋晋东，李山有，汪源，等 . 2017. 基于阈值的地震预警方法在 2016 年 8 月 24 日意大利 M_W6.2 地震中的应用[J].地震工程与工程振动(6)：15-22.

[20] 宋晋东，李山有 . 2012. 地震预警中两种利用卓越周期估算震级方法的比较[J].地震工程与工程振动,32（6）：174-181.

[21] 宋晋东 . 2013. 高速铁路运行控制用地震动参数及单台地震预警技术研究[D].哈尔滨:中

国地震局工程力学研究所.

[22] 王海云.2004.近场强地震动预测的有限断层震源模型 [D].哈尔滨：中国地震局工程
力学研究所.

[23] 王宏伟,温瑞智,任叶飞,等.2016.基于强震记录快速确定康定地震的震源破裂方向研
究[J].西南交通大学学报,51（6）：1138-1146.

[24] 王卫民,郝金来,姚振兴,等.2013.2013年4月20日四川芦山地震震源破裂过程反演
初步结果[J].地球物理学报,56（4）：1412-1417.

[25] 王卫民,赵连锋,李娟,等.2005.1999年台湾集集地震震源破裂过程[J].地球物理学
报,48（1）：132-147.

[26] 王卫民,赵连锋,李娟,等.2008.四川汶川8.0级地震震源过程[J].地球物理学报,51
（5）：1403-1410.

[27] 吴逸民.2006.如何利用地震初达波从事地震预警[J].自然科学简讯,18（1）：8-11.

[28] 徐杰,高祥林,周本刚,等.2010.2008年汶川8.0级地震的发震构造：沿龙门山断裂带
新生的地壳深部断裂[J].地学前缘,17（5）：117-127.

[29] 徐杰,高祥林,周本刚,等.2010.2008年汶川8.0级地震的发震构造：沿龙门山断裂带
新生的地壳深部断裂[J].地学前缘,17（5）：117-127.

[30] 徐锡伟,闻学泽,叶建青,等.2008.汶川 M_S 8.0地震地表破裂带及其发震构造[J].地
震地质,30（3）：597-629.

[31] 张红才.2013.地震预警系统关键技术研究[D].哈尔滨:中国地震局工程力学研究所.

[32] 赵纪东.2016.美科学家开发出可用于地震预警的手机软件[J].国际地震动态,（3）：
4-4.

[33] Alexander, David E. 2010. The L'Aquila Earthquake of 6 April 2009 and Italian Government
Policy on Disaster Response [J]. Journal of Natural Resources Policy Research, 2（4）：
325-342.

[34] Allen R M, Gasparini P, Kamigaichi O, et al. 2009. The Status of Earthquake Early Warning
around the World：An Introductory Overview[J].Seism. Res. Lett. , 80（5）：682-693.

[35] Allen R M, Kanamori H. 2003. The Potential for Earthquake Early Warning in Southern
California[J].Translated World Seismology,300（5620）：789-788.

[36] Allen R M. 2007. The ElarmS Earthquake Early Warning Methodology and Application across
California[M]//Earthquake Early Warning Systems. Berlin, Heidelberg：Springer.

[37] Atefi S, Heidari R, Mirzaei N, et al. 2017. Rapid Estimation of Earthquake Magnitude by a
New Wavelet-Based Proxy[J].Seism. Res. Lett, 88（6）：1527-1533.

[38] Atefi S, Heidari R, Mirzaei N, et al. 2018. A frequency-based parameter for rapid estimation of
magnitude[J].Journal of Theoretical & Applied Physics(6)：1-6.

[39] Behr Y, Clinton J, Kastli P, et al. 2015. Anatomy of an Earthquake Early Warning（EEW）
Alert：Predicting Time Delays for an End-to-End EEW System[J].Seism. Res. Lett. , 86（3）：
830-840.

[40] Boatwright J. 1984. The effect of rupture complexity on estimates of sourcesize. Journal of Geo-

physical Research Solid Earth, 89 (B2): 1132-1146.

[41] Boatwright J. 1982. A dynamic model for far-field acceleration[J].Bulletin of the Seismological Society of America,72: 1049-1068.

[42] Boatwright J. 2007. The Persistence of Directivity in Small Earthquakes[J].Bulletin of the Seismological Society of America,97 (6): 1850-1861.

[43] Boore D M, Atkinson G M. 2008. Ground-motion prediction equations for the average horizontal component of PGA, PGV, and 5%-damped PSA at spectral periods between 0.01s and 10.0s [J].Earthquake Spectra,24 (1): 99-138.

[44] Boore D M. 2005. Equations for Estimating Horizontal Response Spectra and Peak Acceleration from Western North American Earthquakes: A Summary of Recent Work[J].Seism. Res. Lett. , 76 (3): 368-369.

[45] Böse M, Hauksson E, Solanki K, et al. 2009. Real-time testing of the on-site warning algorithm in southern California and its performance during the July 29 2008 M_W 5.4 Chino Hills earthquake[J].Geophysical Research Letters,36 (5): 441-451.

[46] Böse M, Allen R, Brown H, et al. 2014. CISN ShakeAlert: An Earthquake Early Warning Demonstration System for California[M]//Early Warning for Geological Disasters. Berlin, Heidelberg: Springer.

[47] Böse M, Heaton T H, Hauksson E. 2012. Real-time Finite Fault Rupture Detector (FinDer) for large earthquakes[J].Geophysical Journal International,191 (2): 803-812.

[48] Böse M, Heaton T H. 2010. Probabilistic prediction of rupture length, slip and seismic ground motions for an ongoing rupture: implications for early warning for large earthquakes[J].Geophysical Journal International,183 (2): 1014-1030.

[49] Böse M, Felizardo C, Heaton T H. 2015. Finite-fault rupture detector (FinDer): Going real-time in californian shakealert warning system[J].Seism. Res. Lett. , 86 (6): 1692-1704.

[50] Campbell K W, Bozorgnia Y. 2008. NGA Ground Motion Model for the Geometric Mean Horizontal Component of PGA, PGV, PGD and 5% Damped Linear Elastic Response Spectra for Periods Ranging from 0.01 to 10s[J].Earthquake Spectra,24 (1): 139-171.

[51] Campbell K W. 1981. Near-source attenuation of peak horizontal acceleration [J]. Bull. Seismol. Soc. Am. 71: 2039-2070.

[52] Carranza M, Buforn E, Zollo A. 2017. Performance of a Network-Based Earthquake Early Warning System in the Ibero-Maghrebian Region[J].Seism. Res. Lett. , 88 (6): 1499-1507.

[53] Cesca S, Zhang Y, Mouslopoulou V, et al. 2017. Complex rupture process of the M_W 7.8, 2016, Kaikoura earthquake, New Zealand, and its aftershock sequence [J]. Earth and Planetary Science Letters,478: 110-120.

[54] Chen D Y, Lin T L, Wu Y M, et al. 2012. Testing a P-Wave Earthquake Early Warning System by Simulating the 1999 Chi-Chi, Taiwan, M_W 7.6 Earthquake [J]. Seismological Research Letters,83 (1): 103-108.

[55] Chen D Y, Hsiao N C, Wu Y M. 2015. The Earthworm Based Earthquake Alarm Reporting Sys-

tem in Taiwan[J].Bulletin of the Seismological Society of America,105 (2A): 568-579.

[56] Chen W S., Huang B S, Chen Y G, et al. 2001. 1999 Chi-Chi Earthquake: A Case Study on the Role of Thrust-Ramp Structures for Generating Earthquakes[J].Bulletin of the Seismological Society of America,91 (5): 986-994.

[57] Clinton J, Zollo A, Marmureanu A, et al. 2016. State-of-the art and future of earthquake early warning in the European region[J].Bulletin of Earthquake Engineering,14 (9): 2441-2458.

[58] CMT. Global Centroid-Moment-Tensor Project [EB/OL]. [2019-04-10]. www. globalcmt. org/CMTsearch. html.

[59] Cochran E S, Kohler M D, Given D D, et al. 2018. Earthquake Early Warning ShakeAlert System: Testing and Certification Platform[J].Seism. Res. Lett. , 89 (1): 108-117.

[60] Colombelli S, Zollo A. 2015. Fast determination of earthquake magnitude and fault extent from real-time P-wave recordings[J].Geophysical Journal International,202 (2): 1158-1163.

[61] Colombelli S, Zollo A. 2016. Rapid and reliable seismic source characterization in earthquake early warning systems: Current methodologies, results, and new perspectives [J].Journal of Seismology,20 (4): 1-16.

[62] Convertito V, Caccavale M, De Matteis R, et al. 2012. Fault Extent Estimation for Near-Real-Time Ground-Shaking Map Computation Purposes[J].Bulletin of the Seismological Society of America,102 (2): 661-679.

[63] Convertito V, Emolo A. 2012. Investigating Rupture Direction for Three 2012 Moderate Earthquakes in Northern Italy from Inversion of Peak Ground-Motion Parameters[J].Bulletin of the Seismological Society of America,102 (6): 2764-2770.

[64] Cooper Letter to editor. 1968. San Francisco Daily Evening Bulletin [J].Nov. 3.

[65] Crowell B W, Melgar D, Bock Y, et al. 2013. Earthquake magnitude scaling using seismogeodetic data[J].Geophysical Research Letters,40 (23): 6089-6094.

[66] Crowell B W, Schmidt David A. Bodin Paul, et al. 2018. G-FAST Earthquake Early Warning Potential for Great Earthquakes in Chile[J].Seism. Res. Lett. , 89 (2A): 542-556.

[67] Cua B G. 2005. Creating the Virtual Seismologist: developments in ground motion characterization and seismic early warning[D].Pasadena: Earthquake Engineering Research Laboratory, California Institute of Technology.

[68] Cua B G, Fischer M, Heaton T, et al. 2009. Evaluating the Real-time and Offline Performance of the Virtual Seismologist Earthquake Early Warning Algorithm [J]. Egu General Assembly, 11: 2841.

[69] Cua B G, Fischer M, Heaton T, et al. 2009. Real-time Performance of the Virtual Seismologist Earthquake Early Warning Algorithm in Southern California[J].Seism. Res. Lett. , 80 (5): 740-747.

[70] Dreger D, Kaverina A. 2000. Seismic remote sensing for the earthquake source process and near-source strong shaking: A case study of the October 16, 1999 Hector Mine earthquake[J].Geophysical Research Letters,27 (13): 1941-1944.

［71］ Emolo A, Picozzi M, Festa G, et al. 2016. Earthquake early warning feasibility in the Campania region (southern Italy) and demonstration system for public school buildings[J].Bulletin of Earthquake Engineering,14 (9): 2513-2529.

［72］ Espinosa-Aranda J M, Cuellar A, Garcia A, et al. 2009. Evolution of the Mexican Seismic Alert System (SASMEX) [J].Seism. Res. Lett. , 80 (5): 694-706.

［73］ Espinosa-Aranda J M, Jimenez A, Ibarrola G, et al. 1995. Mexico City Seismic Alert System [J].Seism. Res. Lett. , 66 (6): 42-53.

［74］ Festa Gaetano, Picozzi Matteo, Caruso Alessandro, et al. 2018. Performance of Earthquake Early Warning Systems during the 2016-2017 M_W5-6. 5 Central Italy Sequence [J]. Seism. Res. Lett. , 89 (1): 1-12.

［75］ Finazzi, Francesco. 2016. The Earthquake Network Project: Toward a Crowdsourced Smartphone—Based Earthquake Early Warning System[J].Bulletin of the Seismological Society of America,106 (3): 1088-1099.

［76］ Frez J, Nava F A, Acosta J. 2010. Source Rupture Plane Determination from Directivity Doppler Effect for Small Earthquakes Recorded by Local Networks[J]. Bulletin of the Seismological Society of America,100 (1): 289-297.

［77］ Fujinawa Y, Noda Y. 2013. Japan's Earthquake Early Warning System on 11 March 2011: Performance, Shortcomings, and Changes[J].Earthquake Spectra,29 (S1): S341-S368.

［78］ Fujita S, Minagawa K, Tanaka G, et al. 2011. Intelligent seismic isolation system using air bearings and earthquake early warning[J].Soil Dynamics and Earthquake Engineering,31 (2): 223-230.

［79］ GeoNet, 2016. http: //www. geonet. org. nz/quakes/region/newzealand/2016p858000.

［80］ Georgia Cua T H. 2007. The Virtual Seismologist (VS) method: A Bayesian approach to earthquake early warning. Earthquake Early Warning Systems [M]//Earthquake Early Warning Systems. Berlin, Heidelberg: Springer.

［81］ Goldberg D, Bock Y, Melgar D. 2017. Rapid magnitude estimation from time-dependent displacement amplitude measured with seismogeodetic instrumentation[C]//Agu Fall Meeting. AGU Fall Meeting Abstracts.

［82］ Goldberg D, Bock Y, Melgar D. 2016. Earthquake Early Warning with Seismogeodesy: Detection, Location, and Magnitude Estimation [C]. American Geophysical Union, Fall Meeting 2016, abstract #S23A-2765.

［83］ Hadley D M, Helmberger D V. 1980. Simulation of strong ground motions [J]. Bull. Seismol. Soc. Am. , 70 (2): 617-630.

［84］ Hamling I J, Hreinsdóttir, Sigrún, et al. 2017. Complex multifault rupture during the 2016 M_W7. 8 Kaikōura earthquake, New Zealand[J].Science,356 (6334): eaam7194.

［85］ Heidari R. 2017. τ_{ps}, a new magnitude scaling parameter for earthquake early warning[J].Bulletin of Earthquake Engineering(5): 1-13.

［86］ Hloupis G, Vallianatos F. 2015. Wavelet-Based Methods for Rapid Calculations of Magnitude and

Epicentral Distance: An Application to Earthquake Early Warning System[J].Pure & Applied Geophysics,172 (9): 2371-2386.

[87] Hoshiba M, Ohtake K, Iwakiri K, et al. 2010. How precisely can we anticipate seismic intensities? A study of uncertainty of anticipated seismic intensities for the Earthquake Early Warning method in Japan[J].Earth,Planets and Space, 62 (8): 611-620.

[88] Hoshiba M. 2013. Real-time prediction of ground motion by Kirchhoff-Fresnel boundary integral equation method: Extended front detection method for Earthquake Early Warning[J].Journal of Geophysical Research Solid Earth,118 (3): 1038-1050.

[89] Hoshiba M, Iwakiri K. 2011. Initial 30 seconds of the 2011 off the Pacific coast of Tohoku Earthquake (M_W9.0) amplitude and τ_C for magnitude estimation for Earthquake Early Warning[J]. Earth Planets & Space,63 (7): 553-557.

[90] Hoshiba M, Ozaki T. 2014. Earthquake Early Warning and Tsunami Warning of the Japan Meteorological Agency, and Their Performance in the 2011 off the Pacific Coast of Tohoku Earthquake (M_W 9.0) [M]. Early Warning for Geological Disasters.

[91] Hoshiba M, Aoki S. 2015. Numerical Shake Prediction for Earthquake Early Warning: Data Assimilation, Real-Time Shake Mapping, and Simulation of Wave Propagation[J].Bulletin of the Seismological Society of America,105 (3): 1324-1338.

[92] Hoshiba M, Kamigaichi O, Saito M, et al. 2008. Earthquake Early Warning Starts Nationwide in Japan[J].Eos Transactions American Geophysical Union,89 (8): 73-74.

[93] Hsiao N C, Wu Y M, Zhao L, et al. 2011. A new prototype system for earthquake early warning in Taiwan[J].Soil Dynamics and Earthquake Engineering,31 (2): 201-208.

[94] Hsu Hsin Chih, Chen Da Yi, Tseng Tai Lin, et al. 2018. Improving Location of Offshore Earthquakes in Earthquake Early Warning System[J].Seism. Res. Lett. , 89 (3): 1101-1107.

[95] Iervolino I, Convertito V, Giorgio M, et al. 2006. Real-time risk analysis for hybrid earthquake early warning systems[J].Journal of Earthquake Engineering,10 (6): 867-885.

[96] Iglesias A, Singh S K, Ordaz M, et al. 2007. The Seismic Alert System for Mexico City: An Evaluation of Its Performance and a Strategy for Its Improvement[J].Bulletin of the Seismological Society of America,97 (5): 1718-1729.

[97] Japan Meteorological Agency (JMA) . 2011. Contents of earthquake early warning [EB/OL]. [2015-02-7]. http://www. seusvol. kishou. go. jp/eq/EEW/kaisetsu/joho/20110311144640 / content/content_ out. html (in Japanese).

[98] Ji C, Helmberger D V, Wald D J, et al. 2003. Slip history and dynamic implications of the 1999 Chi-Chi, Taiwan, earthquake[J].Journal of Geophysical Research: Solid Earth, 108 (B9): 1-15.

[99] Kanamori, Hiroo. 2005. Real-time seismology and earthquake damage mitigation[J].Annual Review of Earth and Planetary Sciences,33 (1): 195-214.

[100] Kawamoto S, Miyagawa K, Yahagi T, et al. 2015. Development and Assessment of Real-Time Fault Model Estimation Routines in the GEONET Real-Time Processing System[J].International

Association of Geodesy Symposia,145(1)：89-96.

[101] Kawamoto S，Ohta Y，Hiyama Y，et al. 2017. REGARD：A new GNSS-based real-time finite fault modeling system for GEONET[J].Journal of Geophysical Research,122(2)：1324-1349.

[102] Kiyomoto M，Tsukada S，Ohtake K，et al. 2005. Earthquake Early Warning System in Japan [C]//Agu Fall Meeting.

[103] Kodera Y，Yamada Y，Hirano K，et al. 2018. The Propagation of Local Undamped Motion (PLUM) Method：A Simple and Robust Seismic Wavefield Estimation Approach for Earthquake Early Warning[J].Bulletin of the Seismological Society of America,108（2）：983-1003.

[104] Kodera Y，Saitou J，Hayashimoto N，et al. 2016. Earthquake early warning for the 2016 Kumamoto earthquake：performance evaluation of the current system and the next-generation methods of the Japan Meteorological Agency[J].Earth Planets & Space,68（1）：202.

[105] Kodera，Yuki. 2017. Real-time Detection of Rupture Development：Earthquake Early Warning Using P Waves from Growing Ruptures[J].Geophysical Research Letters,45：156-165.

[106] Kohler M D，Cochran E S，Given Doug，et al. 2018. Earthquake Early Warning ShakeAlert System：West Coast Wide Production Prototype[J].Seism. Res. Lett. ，89（1）：99-107.

[107] Kong Q，Allen R M，Schreier L，et al. 2016. MyShake：A smartphone seismic network for earthquake early warning and beyond[J].Science Advances,2（2）：e1501055-e1501055.

[108] Kong Q，Lv Q，Allen R M. 2019. Earthquake Early Warning and Beyond：Systems Challenges in Smartphone-based Seismic Network[J].DOI：10. 1145/3301293. 3302377.

[109] Kubo T，Hisada Y，Murakami M，et al. 2011. Application of an earthquake early warning system and a real-time strong motion monitoring system in emergency response in a high-rise building[J].Soil Dynamics and Earthquake Engineering,31（2）：231-239.

[110] Kurahashi S，Irikura K. 2011. Source model for generating strong ground motions during the 2011 off the Pacific coast of Tohoku Earthquake[J].Earth Planets & Space,63（7）：571-576.

[111] Kuyuk H S，Allen R M. 2013. A global approach to provide magnitude estimates for earthquake early warning alerts[J].Geophysical Research Letters,40（24）：6329-6333.

[112] Li H，Zhang J，Tang Y. 2017. Testing Earthquake Early Warning Parameters，τ_{Pmax}，τ_C，and P_d，for Rapid Magnitude Estimation in the Sichuan，China，Region[J].Bulletin of the Seismological Society of America,107（3）：1439-1450.

[113] Lin A. 2001. Co-seismic displacements，folding and shortening structures along the Chelungpu surface rupture zone occurred during the 1999 Chi-Chi（Taiwan）earthquake[J]. Tectonophysics,330（3-4）：225-244.

[114] Lorenzo S D，Zollo A. 2010. Size and geometry of microearthquake seismic ruptures from P and S pulse width data[J].Geophysical Journal International,155（2）：422-442.

[115] Mărmureanu A，Ionescu C，Cioflan C O. 2011. Advanced real-time acquisition of the Vrancea earthquake early warning system[J].Soil Dynamics and Earthquake Engineering,31（2）：163-169.

[116] Melgar D，Crowell B W，Geng J，et al. 2015. Earthquake magnitude calculation without satu-

ration from the scaling of peak ground displacement [J]. Geophysical Research Letters, 42 (13): 5197-5205.

[117] Minson S E, Murray J R, Langbein J O, et al. 2014. Real-time inversions for finite fault slip models and rupture geometry based on high-rate GPS data[J].Journal of Geophysical Research: Solid Earth, 119 (4): 3201-3231.

[118] Miyake H, Iwata T, Irikura K. 2001. Estimation of rupture propagation direction and strong motion generation area from azimuth and distance dependence of source amplitude spectra[J]. Geophysical Research Letters,28 (14): 2727-2730.

[119] Miyake H, Iwata T, Irikura K. 2001. Estimation of rupture propagation direction and strong motion generation area from azimuth and distance dependence of source amplitude spectra[J]. Geophysical Research Letters,28 (14): 2727-2730.

[120] Murray J R, Crowell B W, Grapenthin R, et al. 2018. Development of a Geodetic Component for the U. S. West Coast Earthquake Early Warning System[J].Seism. Res. Lett. , 89 (6): 2322-2336.

[121] Nakamura Y. 1988. On the urgent earthquake detection and alarm system (UrEDAS) [C]// Proc. 9th World Conference on Earthquake Engineering: 673-678.

[122] Nakamura Y, Araya T. 1994. Urgent Earthquake Detection and Alarm System (UrEDAS) [J]. Seism. Res. Lett. , 65 (1): 47-54.

[123] Nazeri S, Shomali Z H, Colombelli S, et al. 2017. Magnitude Estimation Based on Integrated Amplitude and Frequency Content of the Initial P Wave in Earthquake Early Warning Applied to Tehran, Iran[J].Bulletin of the Seismological Society of America,107 (3): 1432-1438.

[124] Ogiso M, Aoki S, Hoshiba M. 2016. Real-time seismic intensity prediction using frequency-dependent site amplification factors[J].Earth,Planets and Space, 68 (1): 83-90.

[125] Paola P, Simone M, Chiara L, et al. 2018. Performance Evaluation of a Low-Cost Sensing Unit for Seismic Applications: Field Testing During Seismic Events of 2016-2017 in Central Italy[J].IEEE Sensors Journal,18 (16): 6644-6659.

[126] Parolai Stefano, Oth Adrien, Boxberger Tobias. 2017. Performance of the GFZ decentralized on-site earthquake early warning Software (GFZ-Sentry): application to K-Net and KiK-Net recordings, Japan[J].Seism. Res. Lett. , 88 (6): 1480-1490.

[127] Peng C Y, Yang J S, Zheng Y, et al. 2017. New τ_C regression relationship derived from all P-wave time windows for rapid magnitude estimation[J].Geophysical Research Letters,44: 1-8.

[128] Picozzi M, Bindi D, Brondi P, et al. 2017. Rapid determination of P wave-based energy magnitude: Insights on source parameter scaling of the 2016 Central Italy earthquake sequence[J]. Geophysical Research Letters,44 (9): 4036-4045.

[129] Picozzo M, Colombelli Simona, Zollo A, et al. 2015. A Threshold-Based Earthquake Early-Warning System for Offshore Events in Southern Iberia[J].Pure and Applied Geophysics, 172 (9): 2467-2480.

[130] Power M, Chiou B, Abrahamson N, et al. 2008. An Overview of the NGA Project[J].Earth-

quake Spectra,24 (1): 3-21.

[131] Rydelek P, Horiuchi S. 2006. Earth science: Is earthquake rupture deterministic? [J].NA-TURE,442: 5-6.

[132] Sagiya T, Kanamori H, Yagi Y, et al. 2011. Rebuilding seismology[J].Nature,473 (7346): 146-148.

[133] Seekins L C, Boatwright J. 2010. Rupture directivity of moderate earthquakes in northern Cali-fornia[J].Bulletin of the Seismological Society of America,100 (3): 1107-1119.

[134] Shanyou L, Jindong S. 2008. A new magnitude estimatuin method based on predominant period and peak amplitude [C]//The 14th World Conference on Earthquake Engineering. Beijing. S05 (03-012): 1-7.

[135] Shearer P M. 2009. Introduction to Seismology[M]. Second Ed. Cambridge, United Kingdom: Cambridge University Press: 396.

[136] Sheen D H, Lim I S, Park J H, et al. 2014. Magnitude scaling relationships using P waves for earthquake early warning in South Korea[J].Geosciences Journal,18 (1): 7-12.

[137] Sheen D H, Park J H, Seong Y J, et al. 2016. Application of the Maximum-Likelihood Loca-tion Method to the Earthquake Early Warning System in South Korea[J].Bulletin of the Seismo-logical Society of America,106 (3) .

[138] Sheen D H, Park J H, Seong Y J, et al. 2017. The First Stage of an Earthquake Early Warning System in South Korea[J].Seism. Res. Lett. , 88 (6): 1491-1498.

[139] Shi X H, Wang Y, Zeng J L, et al. 2017. How complex is the 2016, M_W, 7. 8 Kaikoura earthquake, South Island, New Zealand? [J].Science Bulletin,62 (5): 309-311.

[140] Shigeki Horiuchi, Yuko Horiuchi, Shunroku Yamamoto, et al. 2009. Home seismometer for earthquake early warning [J].Geophysical Research Letters,36 (5): 151-157.

[141] Shin T C. 2001. An Overview of the 1999 Chi-Chi, Taiwan, Earthquake[J].Bulletin of the Seismological Society of America,91 (5): 895-913.

[142] Smith D. 2015. Recent Improvements to the Finite-Fault Rupture Detector Algorithm: FinDer II [C]//Agu Fall Meeting. AGU Fall Meeting Abstracts, S33B: 2757.

[143] Somerville P G. 1997. Modification of empirical strong ground motion attenuation relations to in-clude the amplitude and duration effects of rupture directivity[J].Seism. Res. Lett. , 68 (1): 199-222.

[144] Song J D, Li S Y. 2013. An Improved Magnitude Estimation Method Using Combination of Pre-dominant Period and Peak Amplitude for Earthquake Early Warning[J].Applied Mechanics & Materials,256-259: 2775-2780.

[145] Suzuki W, Aoi S, Sekiguchi H. 2010. Rupture Process of the 2008 Iwate-Miyagi Nairiku, Ja-pan, Earthquake Derived from Near-Source Strong-Motion Records[J].Bulletin of the Seismo-logical Society of America,100 (1): 256-266.

[146] Tsang L L H, Allen R M, Wurman G. 2007. Magnitude scaling relations from P-waves in southern California[J].Geophysical Research Letters,34 (19): L19304.

［147］ USGS. 2008. M_W7. 9, Wenchuan-eastern Sichuan, China-Surface Projection ［EB/OL］. ［2016-10-13］.https：//earthquake. usgs. gov/earthquakes/eventpage/usp000g650/map? finite-fault-overlay＝true&shakemap-intensity＝false.

［148］ USGS. 2016. M7. 8-54km NNE of Amberley, New Zealand-Moment tensor［EB/OL］. ［2017-02-09］. https：//earthquake. usgs. gov/earthquakes/eventpage/us1000778i#moment-tensor.

［149］ Wang Z, Zhao B. 2017. A new M_W estimation parameter for use in earthquake early warning systems［J］.Journal of Seismology,22 （1）：325-335.

［150］ Wolfe C J. 2006. On the Properties of Predominant-Period Estimators for Earthquake Early Warning［J］.Bulletin of the Seismological Society of America,96 （5）：1961-1965.

［151］ Wu S. 2014. Future of Earthquake Early Warning：Quantifying Uncertainty and Making Fast Automated Decisions for Applications［D］.Dissertations & Theses-Gradworks.

［152］ Wu Y M, Kanamori H. 2005. Experiment on an Onsite Early Warning Method for the Taiwan Early Warning System［J］.Bulletin of the Seismological Society of America,95 （1）：347-353.

［153］ Wu Y, Zhao L. 2006. Magnitude estimation using the first three seconds P-wave amplitude in earthquake early warning［J］.Geophysical Research Letters,33 （16）：L16312.

［154］ Wurman G, Allen R M, Lombard P. 2007. Toward earthquake early warning in northern California［J］.Journal of Geophysical Research Solid Earth,112 （B08311）：1-19.

［155］ Yamada M, Heaton T, Beck J. 2007a. Real-Time Estimation of Fault Rupture Extent Using Near-Source versus Far-Source Classification［J］.Bulletin of the Seismological Society of America,97 （6）：1890-1910.

［156］ Yamada M, Heaton T. 2008a. Real-Time Estimation of Fault Rupture Extent Using Envelopes of Acceleration［J］.Bulletin of the Seismological Society of America,98 （2）：607-619.

［157］ Yamada M. 2014. Estimation of Fault Rupture Extent Using Near-Source Records for Earthquake Early Warning［M］// Early Warning for Geological Disasters. Berlin, Heidelberg：Springer.

［158］ Yamada M, Heaton T H, Beck J L. 2007a. Early Warning Systems for Large Earthquakes：Classification of Near-source and Far-source Stations by using the Bayesian Model Class Selection［C］// International Conference on Applications of Statistics & Probability in Civil Engineering.

［159］ Yamada T, Ide S. 2008a. Limitation of the Predominant-Period Estimator for Earthquake Early Warning and the Initial Rupture of Earthquakes［J］.Bulletin of the Seismological Society of America,98 （6）：2739-2745.

［160］ Zambrano A, Pérez, Israel, et al. 2014. Quake detection system using smartphone-based wireless sensor network for early warning. ［J］.Revista Iberoamericana De Automática E Informática Industrial,12 （3）：297-302.

［161］ Ziv A. 2014. New frequency-based real-time magnitude proxy for earthquake early warning［J］. Geophysical Research Letters,41 （20）：7035-7040.

［162］ Zollo A, Colombelli S, Elia L, et al. 2014a. An Integrated Regional and On-Site Earthquake Early Warning System for Southern Italy：Concepts, Methodologies and Performances［M］//

Early Warning for Geological Disasters. Berlin, Heidelberg: Springer.

[163] Zollo A, De Lorenzo S. 2001. Source parameters and three-dimensional attenuation structure from the inversion of microearthquake pulse width data: Method and synthetic tests[J].Journal of Geophysical Research: Solid Earth, 106 (B8): 16287-16306.

[164] Zollo A, Festa G, Emolo A, et al. 2014b. Source Characterization for Earthquake Early Warning[M]// Encyclopedia of Earthquake Engineering.

[165] Zollo A, Lancieri M, Nielsen S. 2006. Earthquake magnitude estimation from peak amplitudes of very early seismic signals on strong motion records[J]. Geophysical Research Letters, 33 (23): L23312.

[166] Zollo A, Amoroso O, Lancieri M, et al. 2010. A threshold-based earthquake early warning usingdense accelerometer networks[J].Geophysical Journal International, 183 (2): 963-974.